日韓台における
有機農産物のフードシステム

監修　日本大学生物資源科学部国際地域研究所
編著　川手 督也・李 裕敬・佐藤 奨平

筑波書房

はしがき

川手　督也

日本大学生物資源科学部

Tokuya KAWATE

College of Bioresource Sciences, Nihon University

　本書は、2018（平成30）年度の採択された日本大学生物資源科学部・国際地域研究所海外プロジェクト事業「日韓台における有機農産物のフードシステムに関する比較研究」（研究代表者・川手督也、研究参加者・李裕敬、佐藤奨平）の研究成果をとりまとめたものである。本プロジェクト事業は2018（平成30）年度から2020（令和2）年度まで3か年かけて実施する予定であったが、最終年度から3年間にわたり、コロナ禍のため中断を余儀なくされた。その後、コロナ禍が明けた2023（令和5）年度に最終年度の事業と国際シンポジウム（2023（令和5）年12月4日（火）に本学で開催）を実施した。

　本プロジェクト事業では、日本大学生物資源科学部が、韓国農村振興庁及び韓国農漁村社会研究所、台湾国立中興大学を交流対象とし、合計4つの大学・機関に所属する研究者により共同研究が実施された。プロジェクト実施期間中には、日本大学から韓国及び台湾への派遣研究が5回、韓国及び台湾から日本大学への招へい研究が3回行われた。

　国際シンポジウムでは、本学の教員4名の他、学外より日本から2名、韓国及び台湾から1名ずつお招きし、報告及びコメント、総合討論を行った。この国際シンポジウムをもとにして本書が作成されている。

　本書はタイトルが示す通り、日韓台における有機農産物のフードシステムに関する国際比較を試みたものである。

　環境と調和した持続可能な農業の代表例として、有機農業があげられる。

これまで、東アジアは、アジアモンスーンの高温多湿な気候がもたらす病虫害や雑草の問題、個々の農家の農地が狭くかつ入り組んでいるという分散零細錯圃の歴史的形成などの要因から、ヨーロッパなどに比べて、有機農業の普及が遅れてきた。しかし、近年では、韓国や台湾では、有機農業の拡大と対応する有機農産物のフードシステムの再編が顕著になってきており、農地面積に占める有機農業の割合はいずれも2％以上に達している。これに対して、日本は漸増傾向にはあるものの、有機JAS認証を受けている農地面積の割合は0.2％、認証を受けていないものを含めても0.6％とその水準はきわめて低い。そのため、「有機農業においても日本は取り残されるのではないか？」という危機感が広く聞かれるようになってきている。

　そうした中で、本書は、日本及び韓国、台湾における有機農業の動向把握を行いつつ、①有機農産物の流通システム、②消費者の有機農産物及び国産、さらには地場産農産物に対する意識・評価、③技術開発や推進体制を含む有機農業への政策的支援などといった多元的でフードシステム的な観点から、日本、さらには東アジアにおける今後の有機農業の拡大方策を探ることを目的として、日本、韓国、台湾の比較研究を試みたものである。

　コロナ禍による中断があり、またその影響で関連する調査研究が思うように進まない期間もあったが、興味深いことに、有機農業や有機農産物の有機農業をめぐるコロナ禍の影響は、日本と韓国、台湾でそれぞれ異なるものであった。結果として、コロナ禍における日韓台の動向や異同についても、十分とはいえないまでも盛り込むことができた。ヨーロッパに比べて東アジアにおける有機農業が取り上げられることが少ない中で、本書が様々な点でヨーロッパとは異なる状況下にある東アジアにおける有機農業や有機農産物のフードシステムの推進の一助になれば幸いと考える。

　最後に、本プロジェクトを遂行するにあたって、日本大学生物資源科学部国際地域研究所の関係の皆さま及び研究事務課の方々、韓国農村振興庁及び韓国農漁村社会研究所、台湾国立中興大学の関係の皆さまに編著者を代表して改めて深く感謝申し上げる。

目　次

第1部　日本における有機農業・農産物のフードシステムの動向と課題 … 1

第1章　日本における有機農産物のフードシステムをめぐる動向と
　　　　日韓台の国際比較の論点 ……………………………（川手　督也）… 2

はじめに ……………………………………………………………………… 2

　1．日本の有機農業の動向 ……………………………………………… 2

　2．日本と韓国、台湾における有機農業の動向の比較
　　　―有機農業においても取り残される日本？― ………………… 9

　3．フードシステムの観点からの日本と韓国、台湾の国際比較の論点 … 11

第2章　パルシステムの食から広がるサステナブル ……（島村　聡子）… 13

　1．生協パルシステムとは ……………………………………………… 13

　2．パルシステムの商品供給事業 ……………………………………… 14

　3．組合員活動は生協の原動力 ………………………………………… 14

　4．生協パルシステムの商品について ………………………………… 15

　5．商品のコンセプト …………………………………………………… 16

　6．パルシステムの農産フードシステム＝産直 …………………… 19

　7．オーガニックとサステナブルな農業 ……………………………… 20

　8．産直を実現するための「産地交流」 ……………………………… 21

　9．消費者・組合員の視点からの「産地交流」 ……………………… 22

　10．「産直」を支えるしくみ「生産者消費者協議会」 ……………… 26

　11．「産直」を支えるしくみ「公開確認会」………………………… 27

　12．「産直」を支えるしくみ　産地・自治体との「協議会」………… 27

　13．予約登録米のシステム ……………………………………………… 28

v

第2部　台湾における有機農業・農産物のフードシステムの動向と課題 … 31

Chapter 3　A New Page of Organic Agriculture in Taiwan
　　………（Shang-Ho Yang, Shohei Sato, and Tokuya Kawate）… 32
　Abstract ……………………………………………………………… 32
　Introduction………………………………………………………… 32
　Discussions ………………………………………………………… 42
　Conclusions ………………………………………………………… 45

第4章　台湾におけるオーガニック・ファーマーズマーケットの展開と意義
　　………………………………………………（椋田　瑛梨佳）… 47
　1．はじめに ………………………………………………………… 47
　2．有機農業の推進 ………………………………………………… 48
　3．事例調査 ………………………………………………………… 54
　4．おわりに ………………………………………………………… 59

第5章　台湾における多様な流通主体による有機食品のフードシステム形成と
　　課題 …………（佐藤　奨平・川手　督也・李　裕敬・楊　上禾）… 62
　1．はじめに ………………………………………………………… 62
　2．台湾における多様な小売業の展開……………………………… 67
　3．里仁事業股份有限公司による事業展開とフードシステム形成 ……… 70
　4．台湾主婦聯盟生活消費合作社による事業展開とフードシステム形成 … 77
　5．おわりに ………………………………………………………… 85

第6章　台湾における有機食品メーカーのマーケティング戦略とイノベーション
　　………………（佐藤　奨平・川手　督也・李　裕敬・楊　上禾）… 90
　1．はじめに ………………………………………………………… 90
　2．事例における有機食品加工・販売事業の経過と実績 ……………… 93
　3．おわりに ………………………………………………………… 100

第 3 部　韓国における有機農業・農産物のフードシステムの動向と課題 … 103

第 7 章　韓国における農産物消費・流通の動向と親環境農産物の位置づけ
　　　　………………………………………（魏　台錫・李　均植）… 104
　1．韓国における農産物の消費・流通環境の変化 ………………………… 104
　2．親環境農産物の生産・流通動向 ……………………………………… 106
　3．韓国における親環境農畜産物の認証制度 …………………………… 112
　4．親環境農産物に対する消費者の認識…………………………………… 118
　5．まとめ ………………………………………………………………… 127

第 8 章　韓国における親環境農産物流通の拡大とその要因
　　　　………………………（李　裕敬・川手　督也・佐藤　奨平）… 129
　1．はじめに ……………………………………………………………… 129
　2．先行研究と課題設定・方法 …………………………………………… 131
　3．調査結果 ……………………………………………………………… 132
　4．結論と考察 …………………………………………………………… 147

第 9 章　韓国の学校給食における親環境農産物の供給体制と意義
　　　　…………（李　裕敬・山田　崇裕・川手　督也・佐藤　奨平）… 150
　1．はじめに ……………………………………………………………… 150
　2．韓国における親環境学校給食の現状…………………………………… 152
　3．ソウル特別市の取り組み ……………………………………………… 155
　4．全羅南道順天市の取組み ……………………………………………… 161
　5．韓国の親環境農産物市場における学校給食の意義と課題 ………… 167

vii

第4部　東アジアにおける有機農業・農産物のフードシステムの展望と課題
　………………………………………………………………………… 171

第10章　日本における有機農業普及推進の問題点
　　　　—日韓台シンポジウムから「取り残される日本」脱却を構想する—
　………………………………………………………（高橋　巌）… 172

　はじめに ……………………………………………………………… 172

　1．各報告のポイント ………………………………………………… 173

　2．「取り残される日本」で有機農業をどう普及推進すべきか………… 176

　3．目指すべき有機農業の姿とは—新たな認証の萌芽と可能性— ……… 184

　おわりに ……………………………………………………………… 197

第11章　コロナ禍以降における日韓台の有機農産物のフードシステムの
　　　　動向と展望…………………………（川手　督也・佐藤　奨平）… 198

　1．はじめに—コロナ禍における動向………………………………… 198

　2．日韓台の比較の論点のまとめ……………………………………… 199

　3．今後の展望と課題………………………………………………… 206

第1部

日本における有機農業・農産物の
フードシステムの動向と課題

第1章　日本における有機農産物のフードシステムをめぐる動向と日韓台の国際比較の論点

川手　督也

日本大学生物資源科学部

Tokuya KAWATE

College of Bioresource Sciences, Nihon University

はじめに

　環境と調和した持続可能な農業の代表例として、有機農業があげられる。これまで、東アジアは、アジアモンスーンの高温多湿な気候がもたらす病虫害や雑草の問題、個々の農家の農地が狭くかつ入り組んでいるという分散零細錯圃の歴史的形成などの要因から、EU諸国等などに比べて、有機農業の普及が遅れてきた。しかし、近年では、韓国や台湾では、有機農業の拡大と対応する有機農産物のフードシステムの再編が顕著になってきている。

　これまでの日本における関連する先行研究は、技術を含む生産面に業績が多く見られ、フードシステム的な視点からのアプローチは少ない。また、韓国の有機農業について分析した先行研究は一定程度あるが、台湾の有機農業に関するものはほとんどない。日韓台の比較研究はこれまで皆無と言ってよい。

　本章では、日本におけるにおける農産物のフードシステムをめぐる動向を概観し、ついで、日韓台の国際比較の論点について、整理を試みる。

1．日本の有機農業の動向

1）みどりの食料システム戦略と農政における有機農業関連施策の枠組み

　コロナ禍の2021年、日本国政府は、みどりの食料システム戦略を打ち出した。これは持続可能な食料システムの構築に向け、中長期的な観点から、調達、生産、加工流通、消費の各段階の取組とカーボンニュートラル等の環境

第1章　日本における有機農産物のフードシステムをめぐる動向と日韓台の国際比較の論点

負荷軽減のイノベーションを推有機農業推進に関する基本的な方針を示すものであり、2050年までに目指す姿として、農林水産業のCO2ゼロエミッション化の実現　低リスク農薬への転換や総合的な病害虫管理体系の確立・普及に加え、ネオニコチノイド系を含む従来の殺虫剤に代わる新規農薬等の開発により化学農薬の使用量（リスク換算）を50％低減すること、輸入原料や化石燃料を原料とした化学肥料の使用量を30％低減すること、耕地面積に占める有機農業の取組面積の割合を25％（100万ha）に拡大すること、2030年までに食品製造業の労働生産性を最低3割向上すること、2030年までに食品企業における持続可能性に配慮した輸入原材料調達の実現を目指すこと、エリートツリー等を林業用苗木の9割以上に拡大すること、ニホンウナギ、クロマグロ等の養殖において人工種苗比率100％を実現することなどが示された。

　みどりの食料システム戦略が注目を集めたのは、何と言っても2050年までに、オーガニック市場を拡大しつつ、耕地面積に占める有機農業の取組面積の割合を25％（100万ha）に拡大することを明示したことであろう。

　有機農業の取組拡大の必要性については、農業の自然循環機能を大きく増進し、農業生産に由来する環境への負荷を低減し、さらに生物多様性保全や地球温暖化防止等に高い効果を示すなど農業施策全体及び農村におけるSDGsの達成に貢献すること、国内外での需要の拡大に対し国産による安定供給を図ることや需要に応じた生産供給や輸出拡大推進に貢献することがあげられている。

　具体的な推進及び普及の目的としては、10年後（2030年）の国内外の有機食品の需要拡大を見通し、生産および消費の目標を設定し、①面積については、2027年の23.5千haから→63千haへ、有機農業者数については、2009年の11.8千人から36千人は、③有機食品の国産シェアについては、2017年の60％から84％へ、④有機食品を週1回以上利用する者の割合については、2017年度の17.5％から25％へ、大幅な増加を目指すこととなった。

　現状では、農地面積の割合で0.6％であり、有機JAS認証をとっている割合

3

第1部　日本における有機農業・農産物のフードシステムの動向と課題

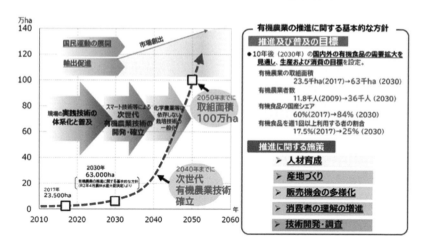

図1　みどりの食料システム戦略における有機農業の推進

出所）農林水産省（2023）。

は0.2％であり、きわめて大きな開きがある。

有機農業の政策的定義については、有機農業の推進に関する法律（平成18年法律第112号（以下、有機農業推進法））において、"「有機農業」とは、化学的に合成された肥料及び農薬を使用しないこと並びに遺伝子組換え技術を利用しないことを基本として、農業生産に由来する環境への負荷をできる限り低減した農業生産の方法を用いて行われる農業"と定められている。これは、コーデックス委員会の定義に従った国際的な取り組み水準のものとされるが、日本の場合は、第三者認証を受けていないものも含むことにしており、この点は、国際的にみても稀である。これは、日本における有機農業の歴史的経緯が配慮されているからと言われる。

日本における有機農業運動の1971年「日本有機農業研究会」の発足とされている。この時に、初めて、「有機農業」という言葉が世の中に送り出された。1970年代は、生産者による自給を消費者に直接届けるという産消提携が実践され、近代農業に対抗するという運動的性格が強かった。1980年代には、有機農産物流通の多様化を始め、有機農産物専門流通事業体が発足し、自然

食品・有機食品専門店が展開していった。生活ｊ協同組合でも産直事業の中で取り扱いが広がっていった。2000年代からは、さまざまな事業者・業態が参入を始め、商業的な性格が強まっていったとされるが、日本において有機農業の規定に第３者認証を受けていないものを含むのは、日本における有機農業の原点である産消提携などにおいて、生産者と消費者の直接的な結びつきがきわめて重視されてきたことに配慮してのことである（小口（2023））。

　しかし、有機農産物の規定については、コーデックス委員会のガイドラインに準拠した「有機農産物の日本農林規格（有機JAS規格）」の基準に従って生産された農産物であり、この基準に適合した生産が行われていることを第三者機関が検査し、認証された事業者は、「有機JASマーク」を使用し、「有機」「オーガニック」等と表示ができるが、そうでないものはそうした表示ができないことになっており、この点における配慮は見られない。

２）有機農業生産の動向

　農水省（2023）によると、先にも述べたように、耕地面積に占める有機農業取組面積の割合は有機JAS取得で0.2％、認証されていないものを含めて0.6％と低いが、取組面積は過去10年で約５割拡大している。認証されたものより非認証が増えている。

　なお、農業センサスによれば、JAS有機0.6％、認証されていないものでは４％にのぼっている。これは、一部に自称有機農業や減農薬栽培なども有機農業として回答された可能性が指摘（農林水産省、2022）されており、特に数値を直接利用する場合には留意が必要とされている（農林水産政策研究所（2024））。

　また、近年、有機JAS認証を受けている農地の取組面積が拡大傾向にあり、特に、北海道の牧草地や普通畑、九州の茶畑の面積が注目される。2020年度時点で、有機JAS圃場の38％が北海道に、７％が鹿児島県に、５％が熊本県に存在している。水田に占める有機JAS圃場の割合は0.4％未満だが、普通畑や樹園地では１％を超える県があり、茶では一部の県で栽培面積の１割が有

第1部　日本における有機農業・農産物のフードシステムの動向と課題

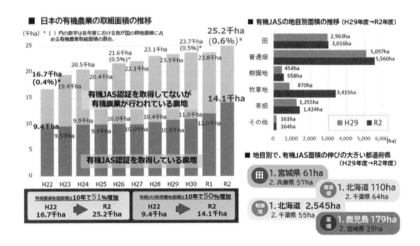

図2　日本における有機農業の取組面積の動向

出所）農林水産省（2023）。

機JAS圃場となっている。国内の農産物総生産量のうち有機農産物が占める割合は、野菜は0.36％、米や麦、果実は0.1％程度であるが、茶は5％を超えており、大豆は0.65％となっている。以上から、全体として水準は低いが、地域や品目による差が大きいことが示唆される。畜産では普及がきわめて困難であることがわかる。

有機農業に取り組む生産者の状況については、2010年時点で有機JAS取得農家は約4,000戸、有機JASを取得せずに有機農業に取り組む農家は約8,000戸と推定されている。このうち、新規参入者のうち有機農業に取組んでいる者は2〜3割と高い傾向なることが指摘されている。2020年時点で有機JASを取得している農家数は、北海道、鹿児島県で300戸以上、熊本県で200戸以上、13道県で100戸以上／総戸数は、経年的にはやや減少してきたが、近年は3,800戸前後で推移している。

有機農業に取り組む生産者の意識と課題については、農林水産省（2023）が実施したアンケート結果によれば、生産者が有機農業に取り組む理由は、「よりよい農産物を提供したい」が約7割で最も高く、次いで「農薬・肥料

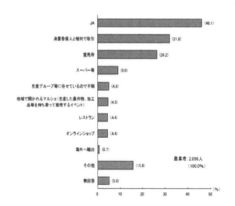
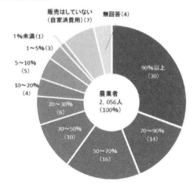

図3　有機農産物の販売について

出所）農林水産省（2023）。

などのコスト低減」、「農作業を行う上での自身の健康のため」、「環境負荷を少なくしたい」の順でそれぞれ3割強程度となっている。

　今後の有機農業の取組面積については、「現状維持」が約7割と最も高い／「拡大したい」「縮小したい」はそれぞれ1割程度となっている。

　有機農業を行っている者が取組面積を縮小する際の理由は、「人手が足りない」が最大で、次いで「栽培管理や手間がかかる」が多く、販路開拓の課題よりも生産における人手や手間に関する割合が高い。

　有機農産物の販売については、有機農業で生産された農産物は、JAが46.1％と最大で、次いで消費者個人との相対や直売所が30％前後となっている。農作物全体の販売額に占める有機農業により生産された農作物の販売額の割合は、90％以上が約3割であり、50％以上は全体の約6割を占めている（図3）。

3）有機農産物の消費動向

　農林水産省によるアンケート調査結果（農業環境対策課「有機食品の市場

規模及び有機農業取組面積の推計手法検討プロジェクト」（2022年11月））に
よれば、消費者の32.6％が、週に1回以上有機食品を利用（購入や外食）し
ている。

このうち「週に一度以上有機食品を利用している」者では、①「有機野
菜」を購入したことがある者が5割で最大。3割以上が豆腐、納豆、パン類
を購入している。

また、9割弱がスーパーで有機食品を購入しており、農家から直接購入し
ている者は1割弱にとどまっている。

有機農産物に対するイメージは「健康にいい」「価格が高い」「安全であ
る」が主であるが、「環境に負担をかけていない」との回答も7割弱にの
ぼっている。

農林水産省は、消費者アンケート調査結果に基づき、日本の有機食品の市
場規模を2022年で2,240億円と推計し、さらに、今後の重要拡大を展望して
いる。

4）有機農業関連施策について

日本における有機農業関連施策は、直接的には2006年の有機農業推進法が
端緒となるが、実際にはより広い環境保全型農業という枠組みで持続可能な
農業への政策的取り組みがなされてきたといえる。現行でも、日本における
持続可能な農業の推進は、環境保全型農業の枠組みで進められている。

一番の大枠は、環境保全型農業で、土づくり等を通じて化学肥料・農薬の
使用等による環境負荷を軽減が基本的な要件となる。ついで、特別栽培農産
物の栽培水準、すなわち、化学農薬（節減対象農薬）・化学肥料の使用回数・
量が慣行レベルの5割以下が基本的な要件となっている。その次が、有機農
業で、有機農業推進法の取組水準、すなわち、化学農薬・化学肥料で、組換
えDNA技術を原則使用せず、国際的に行われている取組水準、すなわち、
使用禁止資材の不使用及び飛来防止措置の実施植え付け前等2年以上の化学
農薬等不使用等が必要とされる。

基本的な政策的支援のあり方としては、有機農業の拡大に向け、農業者その他の関係者の自主性を尊重しつつ、以下の取組を推進することとし、①有機農業の生産拡大に関しては、有機農業者の人材育成、産地づくりを推進、②有機食品の国産シェア拡大にかんしては、販売機会の多様化、消費者の理解の増進を推進を図ることとしている。

こうした中で、2021年にみどりの食料システム戦略が策定されたが、その柱の1つがオーガニックビレッジの創出・拡大である。オーガニックビレッジとは、有機農業の生産から消費まで一貫し、農業者のみならず事業者や地域内外の住民を巻き込んだ地域ぐるみの取組を進める市町村のことを言う。農林水産省では、このような先進的なモデル地区を順次創出し、横展開を図っていくこととしており、2025年までに100市町村、2030年までに200市町村創出することを目標に、全国各地での産地づくりを推進している。これは、小口（2023）が指摘しているように、「有機農業と地域づくり」という地域政策を視野に入れた取り組みであり、各自治体の関心や期待が高まっているが、それだけに国の具体的な支援の内実が問われるといえる。

2．日本と韓国、台湾における有機農業の動向の比較
　　―有機農業においても取り残される日本？―

先進諸国では、1970年代から有機農業が推進されるようになったが、近年は技術的にも様々な手法が開発され、慣行農法との所得差も縮まってきたことから、有機農業の規模も拡大してきている。特に、EU諸国においては、イタリアやドイツでは農地面積の1割近くを占め、農業大国のフランスでも4年間で2倍近くになるなど、有機農業が一定の割合に達している。

これに対して日本では、先にも見たように、有機農業は増加傾向にあるものの、その水準はきわめて低い。

その要因としては、アジアモンスーンの高温多湿な気候がもたらす病虫害や雑草の問題、個々の農家の農地が狭くかつ入り組んでいるという分散零細

錯圃が歴史的に形成されており有機農地の管理が困難であることなどが指摘されてきた。また、政策的には、有機農業政策の展開が十分でないという問題などが挙げられている。

しかし、同じアジアモンスーンの高温多湿な気候で分散零細錯圃の特徴を有している韓国と台湾では、近年、有機農業の拡大が顕著になってきている。両国は同じアジアモンスーンの高温多湿な気候であり、台湾は日本以上にこの点での条件は厳しい。分散零細錯圃が歴史的に形成されており有機農地の管理が困難であるということも、両国とも日本と同じである。

ここで、韓国と台湾のおける有機農業の近年の動向を確認すると、韓国では、1999年にはじまる直接支払制度を含む農業環境政策である親環境農業政策による政策のインパクト、2000年代に入って本格化する消費者の安全・安心な食品への強い志向とそれを背景としたEマートなど大手量販店の有機農産物市場への積極的参入、近年における政策に基づく学校給食への有機農産物の供給などが有機農業の拡大の要因となっており、有機農業に準じる農法（無農薬）を含む親環境農業の農地面積の割合は2022年で4.6％（うち有機農業は2.6％）となっている。

台湾では、2024年12月時点で有機農業のシェアは2.6％に達し、広義の有機農業と位置付けられ生物多様性に配慮した「友善農業」をあわせると約3.5％となている。近年の増加傾向は著しい。その要因としては、2000年代以降の大陸からの食品の流入などを契機とした消費者の安全・安心な食品への強い志向、有機農産物など環境と調和し安全・安心な農産物の新しい販路としてのファーマーズマーケットの台湾各地での設立、大手スーパーマーケットや量販店等の有機農産物市場への積極的参入、さらには近年の農業環境政策の本格化などが指摘できる。

こうした中で、有機農業においても日本は取り残されるのではないか？という危機感が広く聞かれるようになってきている。

3．フードシステムの観点からの日本と韓国、台湾の国際比較の論点

　有機農産物のフードシステムの観点からは、国際比較の論点としては、主として、次のものがあげられる。

　1）流通における諸主体の役割

　　　特に、量販店や有機食品専門店、生活協同組合、卸売市場の役割

　2）学校給食の役割

　3）ローカルフードシステムとの関連付け

　4）GAPとの関連付け

　5）有機農産物の販売価格とコスト

　6）1）〜6）を踏まえた）政策的支援

　今日における有機農産物の流通は、①産直提携等、②生活協同組合等、③専門流通業者、④量販店等一般流通というように多元化していることが指摘されている（桝潟他（2021））。そのため、今日の農産物・食品の流通システムを捉えるには、多元化している有機農産物・食品の流通主体を対象として分析・考察を進める必要があるといえる。

　また、韓国における有機農業の拡大は、政策的な学校給食への供給によるところが大きいとされているが、日本や台湾でも、学校給食への供給は取り組まれており、その比較考察は重要といえる。

　ローカルフードシステムについては、日本や韓国では農産物直売所（韓国では近年、ローカルフード直売所として政策的に全国に普及）が主であるのに対して、台湾では近年全国的に生まれたファーマーズマーケットが主となっているが、台湾におけるファーマーズマーケットが有機農業推進に果たしてきた役割は大きいとされている。

　GAPについては、日本と韓国、台湾のいずれも政策的には有機農業とは異なる位置づけで進められてきた。また、日本ではGAPの推進は芳しくないが、韓国や台湾では熱心に推進が図られており、スーパーマーケットに行

第1部　日本における有機農業・農産物のフードシステムの動向と課題

くと有機と並ぶようにしてGAPの認証が添付された農産物が販売されている。持続可能な農業の普及・拡大を図る上で、GAPと有機農業振興の関連付けについては、議論は避けて通れないのではないかと思われる。

　販売価格とコストについては、フードシステムの観点からは、流通チャネルにより流通コストが大きく異なっていることから、生産コストとともに重要である。

引用・参考文献

李裕敬・川手督也・佐藤奨平（2020）「韓国における親環境農産物流通の拡大要因と課題―親環境農産物の学校給食への供給を中心に―」『フードシステム研究』26-4、pp.343-348

桝潟俊子他（2021）「持続可能な食と農をつなぐ仕組み」澤登早苗・小松崎将一編著『有機農業大全』コモンズ、pp.139-163

農林水産省農林水産政策研究所（農業・農村構造プロジェクトセンサス分析チーム）（2023）「有機農業の取組に関する分析から」センサス分析シリーズNo.7

農林水産省（2022）「第2回 2025年農林業センサス研究会における委員意見に対する見解及び対応方向について（第3回2025年農林業センサス研究会配付資料）」https://www.maff.go.jp/j/study/census/2025/221108/attach/ pdf/index-1.pd

農林水産省（2023）「有機農業をめぐる事情」農林水産省農産局農業環境対策課

小口広太（2023）『有機農業―これまで、これから―』創森社

澤登早苗・小松崎将一編著・日本有機農業学会監修（2020）『有機農業大全―持続可能な農の技術と思想―』コモンズ

高橋巌（2021）「安全な食料生産」日本大学食品ビジネス学科編『人を幸せにする食品ビジネス学入門第2版』オーム社、pp.106-114

Shang-Ho Yang, Tokuya Kawate, Shohei Sato, The　Development of Organic Agriculture and Food Products in Taiwan,『食品経済研究』47、2018、pp.55-72

第2章　パルシステムの食から広がるサステナブル

島村　聡子

パルシステム神奈川

Satoko SHIMAMURA

Pal-System Kanagawa

1．生協パルシステムとは

パルシステムは、生活協同組合、略して生協という法人で「協同組合」の一つで、消費者一人ひとりが出資金を出し合い組合員となり、協同で運営・利用する組織である。

協同組合は、生活協同組合をはじめ、農業協同組合や漁業協同組合、森林組合などが日本の代表的なものであり、「同じ目的を持った個人や事業者が集まってお互い助け合う組織」というのが協同組合の定義である。その中で生協は、自分たちの暮らしをより良くしていくためという目的で、生協法という法律に基づき、「組合員」というメンバーシップの下で「出資・利用・運営」が行われている。生協に出資金を払うことで組合員となり、供給される商品を注文したり、くらしに役立つサービスを受けたりすることができる。

株式会社との比較で説明すると、株式会社は企業が株主（出資者）を募り、顧客に商品を販売するが、株主が買わなくてもその企業が利益を出せば目的は達成され、株主に配当が入る。一方、生協は、その事業を利用したい人（＝組合員）を募る。組合員は事業の資本として出資するが、目的は配当ではなく、事業を利用することである。「出資・運営・利用」が生協のしくみの基本である（図1）。株式会社と生協の一番の違いは、議決権である。株式会社は持ち株が多いほど発言権があるが、生協は出資額にかかわらず組合員1人につき1票とみな平等となる。

こうした生協は日本全国に多数存在するが、それぞれ考え方や方向性が異なる。しかし、商品の企画・開発やカタログ制作、物流システムなど、単独

第 1 部　日本における有機農業・農産物のフードシステムの動向と課題

では運営が難しいこともあり、グループで事業連合（連合会）という組織を作って活動している。パルシステム生活協同組合連合会は、こうしたグループのひとつで 1 都 12 県からなり、パルシステム神奈川は、そのグループ生協の一つである。

パルシステム神奈川は、「生命（いのち）を愛しみ、自立と協同の力で心豊かな地域社会を創り出します」という理念の下、事業活動を行っており、組合員は356,489人（2023年 3 月31日現在）である。

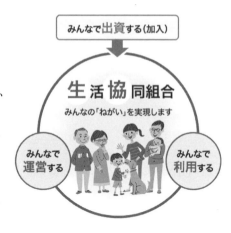

図 1　生協のしくみ

出所）日本生協連 HP より。

2．パルシステムの商品供給事業

　パルシステムの事業は食を中心とした商品を組合員のお宅に届けるという事業が根幹である。1990年に他の生協に先駆けて個配事業をスタートさせ、現在は、食品を中心に、石けん商品などの生活雑貨関連から、住まい関連、共済、旅行まで幅の広いサービスを取り扱っている。組合員はそれをカタログやアプリで 1 週間に 1 回商品を注文して、決まった曜日に商品が届くという仕組みである。商品は生産者と消費者である組合員をつなぐ架け橋の役割を果たしている。

3．組合員活動は生協の原動力

　生協の原動力は、組合員の声にほかならない。商品の問い合わせや感想など、多くの声がパルシステム連合会に届き、そこから商品の開発や改善、物流やサービスの向上につながっている。インターネット上でも、パルシステムの改善・向上のためにオンラインモニター制度を設け、登録された組合員

にアンケートを行い、声を反映させている。

　特徴的なのは、組合員同士がその商品の魅力や生産者の思い・苦労をくみ取って伝えたり、食の安全・安心について学びの場を作っているということである。一般的にいう消費者が、商品の宣伝や広報活動にも参加し、いわば売上げにも参加しているということであるが、私たちはこれを「組合員活動」と呼んでいる。多くの委員会やグループがあり、組合員は活動に自主的に参加している。商品開発チームのように商品開発や改善に協力し、ヒット商品を生み出している活動もあり、また、組合員それぞれが暮らす身近な地域でグループをつくり、興味に基づいた活動を行っている。

　そうした組合員活動を、組合員ひとりひとりが楽しみながら自主的に参加できるよう、生協側ではサポートしている。商品やサービスといった事業にかかわるものだけでなく、食の安全、環境、産地交流、子育て、健康など、内容は多彩で、活動内容やサポート方法は、それぞれ異なるが、多くの活動で保育制度を用意するなど、参加しやすく活動が広がるよう、力を入れている。思いや願いをカタチにするため、その過程で人と人がつながり、学びあい、助け合うことがパルシステムのめざす組合員活動である。

４．生協パルシステムの商品について

　冒頭、生協の目的は生活をより良くしていくことだと述べたが、裏を返せば、歴史的に生活における課題があったということである。パルシステムの商品は、そんな暮らしの中の違和感から生まれた。

　1970年代には、ヤシ油とか加工でんぷんなど生乳以外が入った牛乳が当たり前に売られていた。そうした現状のなかで「安心して飲める本物の牛乳が欲しい」といった組合員の声がおこり、それに応えて産地を限定した北海道の根釧地区の牛乳が誕生した。加えて、市販の高温殺菌にはない、もっと生乳の風味を生かす牛乳をという組合員の声に応えて、８年かけて72℃・15秒殺菌という低温殺菌が商品化された。

　また大量生産・大量消費によって増え続ける使い捨ての容器について、ご

みを増やさない選択をという声が出て、再利用できるリユースびんの商品の
お届けと回収がスタートした。2000年代には、狂牛病や残留農薬問題など見
えない食の不安もあらわれた。パルシステムでは独自の商品検査センターを
持っていて、農薬、放射能汚染、アレルギー物質の混入などにも範囲を広げ
て検査を徹底し、結果もお知らせしていて安全を確保している。

　自分たちの暮らしの課題を組合員から吸い上げて、それを解決していく、
より良くしていくこと、それが生協なのである。

5．商品のコンセプト

　パルシステムの商品はどれも、産直産地や生産者、組合員とともに歩み、
挑戦してきた歴史や物語を持っている。その長い道のりで、パルシステムが
常に指針としてきたのが、「商品づくりの基本」である。

　1．自然や生き物の本来の姿を尊重しているか。

　2．地域に根ざした食の生産・くらしに貢献しているか。

　3．作り手との関係に、甘え、惰性、妥協はないか。

　4．たべて美味しい、あってよかったを届けているか。

　5．商品の裏側をきちんと伝えようとしているか、という5つである。

　パルシステムの商品は、単なる「モノ」ではない。「食」と「農」をつな
ぎ、いのちの力があふれる社会を次の世代にきちんと手渡したいといった思
いを込めて、次の「7つの約束」の実現をめざして商品づくりを進めている。

　1．作り手と「顔の見える関係」を築き、信頼から生み出された商品をお
　　　届けします。

　2．食の基盤となる農を守るためにも国産を優先します。

　3．環境に配慮し、持続できる食生産のあり方を追求します。

　4．化学調味料不使用で、豊かな味覚を育みます。

　5．遺伝子組換えに「NO!」と言います。

　6．厳選した素材を使い、添加物にはできるだけ頼りません。

　7．組合員の声を反映させた商品づくりを大切にします。

第2章　パルシステムの食から広がるサステナブル

現在900以上のプライベートブランド商品を持っている。代表的なものを3つ紹介したい。

1つ目はカスタードプリンである。

鶏は毎日卵を生みますが、パルシステムの配送は週5回。そこで、配送されない「余剰卵」が、市販向けの液卵原料として安く買いたたかれることがないよう、パルシステムでは加工原料として活用している。原料の卵には、親鶏のエサや育て方にまでこだわったパルシステムの産直たまごを使用（※産直については後述）。市販品では、溶き卵を殺菌処理した安価で保存もきく液卵を使うこともあるが、本品は工場で卵を割って製造している。使っているのは卵・牛乳・砂糖だけで、家庭で作ったような卵と原材料である（図2）。

2つ目は便利つゆという商品。家庭でとるだしと同じようにだしをとって作ったつゆの味わいを生かすため、市販のめんつゆで使われることの多い化学調味料、いわゆるアミノ酸は不使用、保存料も使っていない。本醸造のしょうゆをベースに国産のかつお節、さば節、昆布のだしを使っている。食品表示法のスラッシュルール表示ではスラッシュの先は全て食品添加物表示

図2　パルシステムのカスタードプリン
出所）パルシステム連合会HPより作成。

17

第1部　日本における有機農業・農産物のフードシステムの動向と課題

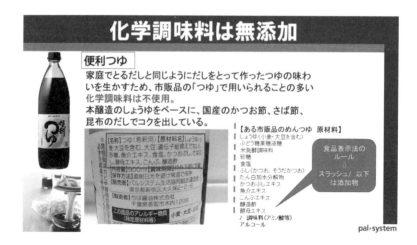

図3　パルシステムの便利つゆについて

出所）パルシステム連合会HPより作成。

がなされるが、この商品にはスラッシュ自体がない。容器はリユースびんを使っている（図3）。

　3つ目はポークウインナー。いろいろな添加物がどうしても入らざるを得ない加工品の代表格だが、「国産の豚肉を使った無塩せきのハムやソーセージがほしい」という組合員とともに、30年以上前から独自のハム・ソーセージづくりに挑戦してきた結果、発色剤や結着補強剤などの添加物を使わなくてもおいしい、自慢のハム・ソーセージを実現した。リン酸塩を使わない製品化は難しいなか、試行錯誤ながら出来た商品である。市販のウインナーにはほぼ冷凍の輸入肉が使われることが多いが、こちらのウインナーは国産豚肉を冷蔵で使って、日本型畜産を進めている（図4）。

　これらに共通するものは「美味しい」ということ。その美味しさの追求こそが組合員の支持、購買につながる。暮らしに役立つということはそういうことだ。

第2章　パルシステムの食から広がるサステナブル

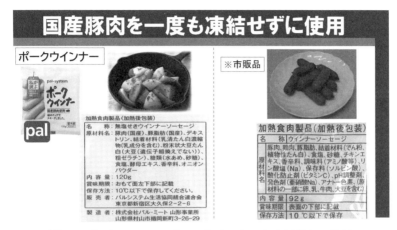

図4　パルシステムのポークウインナーと市販品との比較

出所）パルシステム連合会HPより作成。

6．パルシステムの農産フードシステム＝産直

　本日のテーマである有機農業のフードシステムに関わるパルシステムの農産物についての考え方を説明したい。

　私たちは「産直」ということを大事にしている。「産直とは『産地直送』のことですか」とよく聞かれるが、確かにパルシステムの産直は、一般的な市場を通さない取引により、信頼できる作り手と直接つながることを願って始まったが、単なる食料調達の手段には留まりまらない。「作る人と食べる人が支え合うパートナーシップ」のことを「産直」と呼んでいる。

　以下の「産直4原則」からなる「産直協定」を結んだ産地を「産直産地」と呼んでいる（図5）。

　1．生産者・産地が明らかであること
　2．生産方法や出荷基準が明らかで生産の履歴がわかること
　3．環境保全型・資源循環型農業を目指していること
　4．生産者と組合員相互の交流ができること

これによって農薬・化学肥料の削減、それから鮮度・品質の向上のおいし

19

第1部　日本における有機農業・農産物のフードシステムの動向と課題

図5　パルシステムの産直四原則

出所）パルシステム連合会HPより作成。

さを追求し、青果の98％、それからお米の100％を産直で取引をしている。その地域から生まれる堆肥や有機質肥料の飼料を使い、多様な生き物が生息するような正にサステナブルな農法を行っている。

7．オーガニックとサステナブルな農業

気候危機と環境汚染を防ぐため、サステナブルな農業への転換が求められているなか、パルシステムは、有機農業と環境保全型農業の拡大にチャレンジしている。

世界の有機食品市場は年々増加しており、2020年には約1,290億ドル（約14.2兆円）に成長。有機農業の取り組み面積は、全耕地面積の約1.6％となっている。

日本の市場規模は2017年で1,850億円、有機農業の取り組み面積は、依然として全耕地面積の0.6％（2020年）に留まっている[※1]。

〔※1〕農林水産省（2022年）「有機農業をめぐる事情」（図6）

パルシステムでは1998年から、毒性の高い農薬を避けながら農薬の総量を

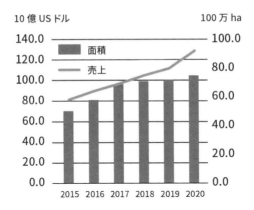

図6　世界の有機食品売上と有機農業の取組み面積の推移

出所）FiBL & IFOAM The World of Organic Agriculture Statistics & Emerging Trends 2022, 農林水産省（2022年）「有機農業をめぐる事情」をもとに作成・パルシステム連合会HPより。

削減することを目的とした「農薬削減プログラム」をスタートさせ、使わない農薬や使用回数などを定めた独自の栽培基準「エコ・チャレンジ」と、有機農産物の「コア・フード」を設け、産地と一体になって取り組んできた。パルシステムが提携する国内の産直産地の有機JAS認証取得面積は2022年時点で1,713haとなっているが、国内の有機JAS認証取得農地の約12.1％にあたる[※2]。

コア・フード（有機JAS認証）の青果の出荷量（2021年度）は3597トン、コア・フード（有機JAS認証）とエコ・チャレンジの米の出荷量（2021年度）は15,692トンである。

〔※2〕農林水産省（2022年）「国内における有機JASほ場の面積」（田・畑・樹園地・牧草地・茶畑・栽培場等、2021年4月1日現在）、パルシステム国内有機JAS認証産地面積（田・畑・樹園地、2022年3月末現在）より算出

8．産直を実現するための「産地交流」

こうした産直を実現するために様々な仕組みがあるが、ここでは「産地交

流」を中心に紹介したい。生協の特徴は消費者が商品の広報や売上げに参加していると冒頭述べたが、産地交流はそれを支えるもので、消費者、すなわち組合員・食べる人と作る人のパートナーシップを築くためのものである。昨年度は7,000人以上の家族、組合員がこれに参加した。

9．消費者・組合員の視点からの「産地交流」

　ここからは役職員の立場ではなく、一組合員として、私がその産地交流に参加した経験をお話したい。

　12年前、2011年7月の東北でのこと。宮城ひとめぼれという米の産地である宮城県大崎市を家族で訪問した。皆さんご存知のとおり東日本大震災の年である。がれきの山があったりブロック塀が壊れていたりと、震災の爪痕が残っている中であったが、生産者の皆さんは消費地から来た私たちを本当に心待ちにして歓迎してくださった。

　一面の緑がまぶしい田んぼの中、生産者と一緒に草取りを体験した。子どもたちにとっては初めての田んぼで、ふかふかであたたかい感触に興奮気味に作業を行った。そもそも震災後の夏になぜ行くのかと思われるかもしれない。実はこの交流は20年以上ずっと続いており、震災の2か月後に生産者の方々が神奈川に来て、震災被害について報告しに来ている。長年行き来している歴史があってこそ、お互いの共有を図ろうということで、震災4か月後

写真1・2　宮城県大崎市 JA みどりの（現 JA 新みやぎ）初夏の産地交流

第2章　パルシステムの食から広がるサステナブル

に産地交流が行われたというわけだ。生産地の方からも、本当にこの時期に来てくれて励みになったとの声があった。

宮城県大崎市に位置する産地には、ラムサール条約という湿地を保護する世界的な条約の登録を受けている田んぼと湿地がある。田んぼ自体がこの登録を受けているというのは非常に珍しい。その地でカブトエビやミズグモ、絶滅が危惧される鯉の仲間など、様々な生き物を観察した。生き物が別の生き物の食べ物になって、またその生き物もまた別の食べ物になるという生態系のことを体感することができた。夜はみんなで静かな森に出かけ、無数の美しく輝くホタルを見ることもできて非常に感動した。夜の懇親会では、すっぽこ汁やしそ巻きといった郷土料理を囲み、後継者や家族のこと、地域や仕事のことなどお互いのことを語り合う貴重な時間になった。そこでようやく生産の悩みや、「実は有機農業ってね……」という本音が出てきて、生産者の思いをくみ取ることができた。

こうした産地交流での経験が、パルシステムの表紙に掲載された。ちょうどパルシステムの広報側で、産地からの発信をキャンペーンしたいと思っていたタイミングだったのだが、カタログに載った「お米っておいしいね」という言葉のとおり、家族特に当時小学生だった息子にとっては、このお米の産地が身近になり、お米が大好きになって食に興味を持つきっかけになった。

春・秋・冬にも参加して四季折々の田んぼの風景に身を置き、現地の行事

写真3・4　産地交流の経験が商品カタログ表紙で紹介された

写真5　蕪栗沼のマガンの飛び立ち

写真6　春の産地交流

にも参加した。春ならいちご狩り、夏には田んぼのどろんこレース。冬にはラムサール条約の登録地域である蕪栗沼で、十万羽といわれる真雁の飛び立ちを観察した（写真5・6）。また、皆で産地の大豆を使って30キロほどの味噌を作り、後日、完成した味噌を自宅に送ってもらい、その味噌で味噌汁を作るといった食育体験もできた（写真7・8）。産地の自然に触れて、その中で生産されるお米作りの大変さ、生産者の心意気などを知ることができた。生産者の一人ひとりの名前や人格にも触れて、今では親戚のような気持ちでいる。

　私自身すっかりこの産地のファンになり、多くの組合員にそれを伝えたいという思いが自然とわき、神奈川に戻ってからご飯のアレン

写真7・8　冬の産地交流での味噌仕込み（左）、自分達が作った味噌で味噌汁づくり（右）

写真9　組合員活動でご飯のアレンジ料理企画タログ表紙で紹介された

ジ料理企画を行った（写真９）。これが先ほどお伝えした「組合員活動」である。多くの組合員が熱心に米の調理法について聞き入り実習する機会となった。

　産地交流の後、息子は茶碗のごはんを残さず食べるようになった。また食べ物について関心を持ち、添加物などについて書かれた本などを読むようになったり、市販の商品を買う際、必ず商品を裏返して食品表示を見るようになった。本人曰く「食べ物の向こう側に人がいるということがわかった経験だった」。

　消費行動が美味しさや安全を選ぶことにもつながる。そして産地の応援にもなり、日本の自然や田園風景にも影響することが分かった経験となった。

　このような産地交流がもたらすものを俯瞰すると、生協パルシステムのフードシステムにおいては、生産者・消費者の交流によってお互いの課題を共有して、消費者がその生産地のファンになることが重要だと言える。生産地・消費地、お互いに様々な課題はあるが（図７）、「産地交流」はそれらを共有して理解する大事な場となっている。

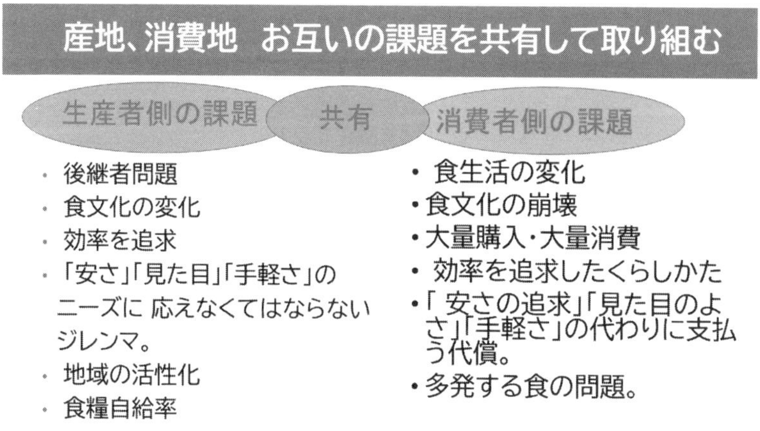

産地、消費地　お互いの課題を共有して取り組む

生産者側の課題　　　**共有**　　　**消費者側の課題**

- ・後継者問題
- ・食文化の変化
- ・効率を追求
- ・「安さ」「見た目」「手軽さ」のニーズに 応えなくてはならないジレンマ。
- ・地域の活性化
- ・食糧自給率

- ・食生活の変化
- ・食文化の崩壊
- ・大量購入・大量消費
- ・効率を追求したくらしかた
- ・「安さの追求」「見た目のよさ」「手軽さ」の代わりに支払う代償。
- ・多発する食の問題。

図７　産地、消費地の相互の課題と共有

出所）パルシステム連合会 HP より作成。

25

第1部　日本における有機農業・農産物のフードシステムの動向と課題

10.「産直」を支えるしくみ「生産者消費者協議会」

　産地交流の他、生産者・消費者がお互いに対等の場で協議する場として、パルシステム生産者・消費者協議会という会議体をもっている。パルシステム連合会に農畜産物を供給する生産者と、連合会・会員生協・組合員がともに協議し活動する場である。

　パルシステム連合会に属する会員生協がいくつかの小さい生協として各地域で活動していた当時、それぞれの産地と産直関係を築いていた。時代の流れから、小規模な生協が統合・巨大化していくに従い、そのバイイングパワーに対して、生産者団体が連帯して対抗する性格を持っていた。このように、生産と消費は「作り売る側」と「買い消費する側」の利害が反する側面を持っているが、この緊張感を維持しながら、生産者と消費者が力を合わせ、これまで築いてきた産直を広げていこうとの思いから、1990年2月26日に「首都圏コープ生産者・消費者協議会（現・パルシステム生産者・消費者協

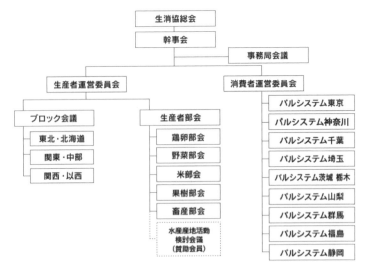

図8　パルシステム生産者消費者協議会の構成

出所）パルシステム連合会HPより作成。

議会）」が発足した。

　環境保全型農業を推進することで、生産者・消費者がともに生活者として相互連携し、それぞれが暮らす地域を安全かつ豊かな暮らしの場とすることと、食料自給率向上と日本の農業の発展を目指している。

　3つの地域にブロックごとの会議、米・野菜・果樹・畜産・鶏卵といった生産物ごとの部会を持って活動している。

11.「産直」を支えるしくみ「公開確認会」

　公開確認会という組合員が自分の目で確かめる仕組みももっている。「公開確認会」は、産直産地の農畜産物の栽培・生産方法や安全性への取り組みを、組合員が直接確認するパルシステム独自の取り組みである。一般的には第三者が客観的に見るのが認証システムだが、パルシステムの場合は組合員自身が確認する二者認証にこだわっている。2023年度は神奈川主催で北海道のジャガイモの産地でも開催した（図9・10）。

図9・10　公開確認会について

12.「産直」を支えるしくみ　産地・自治体との「協議会」

　組合員の思いというのは、農産物にとどまらない。地域づくり、農業の活性化にも発展していて、それぞれの産地と協議会を構成している。例えば、「宮城みどりの食と農の推進協議会」では、先ほどお話した産地交流にも通じたグリーンツーリズムや、産地の農産物を使った商品開発なども行ってい

第1部　日本における有機農業・農産物のフードシステムの動向と課題

図11　宮城みどりの食と農の推進協議会について

る（図11）。この大崎地域は世界農業遺産にも認定されており、協議会が広報面で後押している。有機農産物そのものを越えて、産地や地域の発展に貢献している。

13．予約登録米のシステム

お米に関しては予約登録米という画期的なシステムをもっている。組合員は春の田植え前に産地や銘柄、量や届けてもらう週などを選んでお米を予約する。環境に配慮して農薬をなるべく使わないで生産する米なので、生産者としては予約を受けることで安心して栽培計画ができる。組合員にとっても米の買い忘れがなく、不作の時にも優先的にお米が届き、産地を応援できるということで、win・winの仕組み。2023年度に、グッドデザイン賞を受賞した（図12）。

最後に、パルシステムの農産物を取り巻くフードシステムにおいて、安心・おいしいということはもちろんである。その上で環境配慮、トレサビリティ、生産者・消費者相互の関係を担保して、お互いの思いを理解するということ、リスクも利益も分かち合う関係を築くことで、いわばWell-Beingな

第2章　パルシステムの食から広がるサステナブル

「食べる」と「作る」をつなぐ「予約登録米」

1
組合員が1年分のお米を予約

2
生産者は、環境に配慮した
米作りに専念

3
定期的に届いて、しかもお得

●「グッドデザイン賞」受賞

GOOD DESIGN AWARD 2023
予 約 登 録 米

2023年度グッドデザイン賞が10月5日（木）に発表され、パルシステムの「予約登録米制度」が受賞しました。全国的な米の消費が減少するなか、環境保全型農業による持続可能な生産と消費の確立に向けた取り組みが評価されました。

図12　予約登録米について

「選ぶ」ことで、よりよい社会へ

産直四原則に則った
「産直協定」

産地交流で意見を交換！

利益もリスクも分かち合う関係
組合員と生産者が互いの思いを理解

安心で
おいしい
食べ物を
食べたい

栽培の難しさ
天候不順
物資価格‥

ともに豊かな地域社会の実現へ！
食と農をつなぎ、互いの近いを深めあうことで、
都市と農村がともに
心豊かで持続的な地域社会をつくることをめざす

pal★system

Well- Being

図12　予約登録米について

地域社会を創造することにつながっている（図13）。有機農産物は目的ではなくその産物の一つ。その先に、食と農をつないで、お互いの関係を深め合うことで持続的な地域社会をつくることを目指している。

第2部

台湾における有機農業・農産物の
フードシステムの動向と課題

Chapter 3 A New Page of Organic Agriculture in Taiwan

Shang-Ho Yang[*], Shohei Sato[**], and Tokuya Kawate[***]

[*] Professor, National Chung Hsing University, Taiwan

[**] Associate Professor, Department of Food Business, Nihon University

[***] Professor, Department of Food Business, Nihon University

Abstract

The development of global organic agriculture has been a century since 1924. Although the development of organic agriculture in Taiwan is just nearly 40 years, it is important to understand the current condition and potential growth of organic agriculture. This article provides the latest organic agricultural development in Taiwan.

Key Words: Organic Agriculture, Taiwan, Development

Introduction

Agriculture is one of the most basic activities of human beings. The extensive use of pesticides and chemical fertilizers in the early days greatly increased crop production, but it also brought various potential impacts to the ecosystem and food safety issues. Therefore, organic agriculture began to receive increasing attention and development in the 1970s. According to the information on the development history of organic agriculture[1], the global development of organic agriculture has been a century since Germany led the concept of organic cultivation of crops in 1924, while Taiwan moved on the first step for organic agriculture in 1986. Up till 2022, over 70 million hectares of organic agricultural land in 190 countries were managed by about 3.4 million organic farmers (Willer et al., 2022). Although the development of organic agriculture has gradually moved forward, different countries may not have developed the same direction and improvement. Therefore, it is interesting to understand what achievements have been made in developing organic agriculture in Taiwan.

Taiwan's organic farming sector has grown through three main stages. The initial phase is from 1986 to 2006. The Ministry of Agriculture (MOA) assessed the potential farming practices for comparing organic farming and conventional farming methods. Based on encouraging findings, the MOA began to examine several selected farms. The standards of organic farming were set for cultivating rice, tea, vegetables, and fruits in 1996. The examination outputs in the first phase led the organic farming toward the second phase. The MOA promulgated the Agriculture Production and Certification Act (APCA) in 2007. Due to the introduction of the APCA, the development of organic farming shifted from administrative oversight to legal regulations. Those products with an "organic" label require stringent validation by an independent organic-certified organization. Further, the third phase can be considered after 2018. The MOA introduced the Organic Agriculture Promotion Act (OAPA) in 2019 to further boost organic farming to be more effective. The OAPA is the first organic agricultural bill in Taiwan. The purpose of OAPA was to support and broaden the scope of certified organic farmlands. The policy of the OAPA supports: 1) the consultant function for organic agriculture and prevention from contagious contamination; 2) the third-party certification to help markets follow the standard; 3) the markets that could help to promote organic agricultural products. With the APCA and OAPA, organic farmers could access government aid and incentives. The policies of APCA and OAPA provide: 1) a 3-year incentive of US$ 1,000 per year for farmers who adopt eco-

第 2 部　台湾における有機農業・農産物のフードシステムの動向と課題

friendly farming; 2) a 3-year incentive of US$ 1,000 per year for farmers who convert to organic agriculture; 3) a 3-year subsidy of US$ 1,000-1,500 per year for farmers who plan for crops; 4) an incentive of US$ 1,000 per year for organic agriculture farmers. Via these policies of incentives and subsidies, organic and eco-friendly farmers can receive deductions of certification fees, rental fees, facility/machinery/equipment costs, organic fertilizer, and materials. Thus, the central government did support very much on various sectors to boost the growth of organic agriculture. The OAPA outlines broad standards, endorsing practices like the Participatory Guarantee Systems (PGS). This system brings trust between consumers and producers. Consumers feel confident in consuming organic food products after their understanding of the farming process, even if the certification is pending (Peulic et al., 2023).

According to the "Overview of the Number of Organic Cultivation Farmers and Planting Areas" published by the Agriculture and Food Agency, MOA, and Organic Agriculture Promotion Center in Figure 1, the organic cultivation statistics in Taiwan are divided into five major crop categories, including rice (稻米), vegetables (蔬菜), fruits (水果), tea (茶), and others (其他; i.e., specialty crops and cereals). In Figure 1, the cultivation area of vegetables has gradually increased from 2017 to 2022, and it reaches the highest share of organic cultivation area in 2022. The most important record is that the growth rate of organic cultivation area from 2017 to 2022 has increased by nearly 80%. Thus, the potential demand for organic food products is gradually increasing in Taiwan. Especially, the demand for organic vegetables presents a strong growth, and it may be linked to the promotion of government policy on school meals in replacing non-organic vegetables in the past three years.

Since Figure 1 shows the growth rate of organic cultivation area has

34

Chapter 3 A New Page of Organic Agriculture in Taiwan

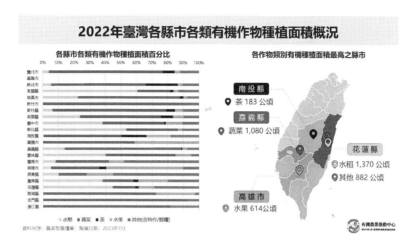

Figure 1, 2. Organic cultivation area and varieties in each county in 2022.
Sources: The Agriculture and Food Agency, MOA; Organic Agriculture Promotion Center.

increased a lot and the structure of organic cultivation area in 2022 is much different from 2017. Figure 2 further to understand the structure distribution of organic cultivation area in each county for 2022. The highest cultivation area for organic vegetables is located in Chiayi County（嘉義縣）; the highest cultivation area for organic tea is in Nantou County（南投縣）; the highest cultivation area for organic fruits is in Kaohsiung city（高雄市）; the highest cultivation area for organic rice and others is in Hualien County（花蓮縣）. It shows that the major organic cultivation area is concentrated in the central and southern areas of Taiwan. This is because the major agricultural cultivation region is located in the central and southern areas of Taiwan, and local government and non-profit organizations could enhance and promote organic cultivation and the potential demand for organic food products. Note that the percentage share distribution of the organic cultivation area may not be the same as the total organic cultivation area.

35

第 2 部　台湾における有機農業・農産物のフードシステムの動向と課題

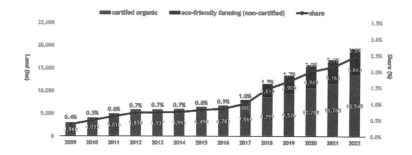

Figure 3. The area size and percentage share for certified organic and eco-friendly farming.

Sources: The Agriculture and Food Agency, MOA; Organic Agriculture Promotion Center..

Chiayi County has the highest organic vegetable cultivation, but the percentage share of vegetable cultivation is not the highest among all counties and cities.If we attempt to observe the trend of organic cultivation area from 2009 to 2022, Figure 3 shows that the percentage share of organic farmland increased from 0.4% in 2009 to 0.9% in 2016. In these eight years, the growth rate of organic farmland is only 0.5% improvement, while the government faced more challenges in encouraging farmers to farm with organic methods and market acceptance was not growing as much as expected. Therefore, the government attempted to cooperate with eco-friendly farming co-ops. Since the organic cultivation method is considered as the highest standard farmers may not have enough incentives to join, due to the profits and cultivation behaviors. After the inclusion of eco-friendly farming methods as part of future potential organic farmland, the share of total farmland for organic cultivation area reached up 2.5% in 2022. It indicates that the Taiwanese government had some strategies to boost more farmers who could change their cultivation method to be either organic or eco-friendly management. No matter what, the decrease in the

Chapter 3 A New Page of Organic Agriculture in Taiwan

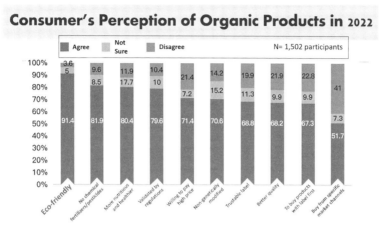

Figure 4. Consumer perception level of organic agriculture in Taiwan via 1,502 respondents.
Sources: The Agriculture and Food Agency, MOA; Organic Agriculture Promotion Center..

conventional concentrated cultivation method would benefit all Taiwanese consumers.

Consumer perception of organic food products becomes an important indicator in setting up a marketing strategy and helping farmers willing to adopt organic cultivation. According to the research outputs from the Agriculture and Food Agency and Organic Agriculture Promotion Center in Figure 4, their outcomes were gathered from 1,502 valid respondents. Results show that over 91% of respondents agree organic products are more likely to be eco-friendly product concepts, while the concept of no chemical fertilizers/pesticides is the second highest agreement on consumer perception. Nevertheless, the idea of buying from specific market channels received the highest disagreement in consumer perception. As a result, consumer perception of organic food products focuses on environmental concern and food safety concern, rather than the market channel concern.

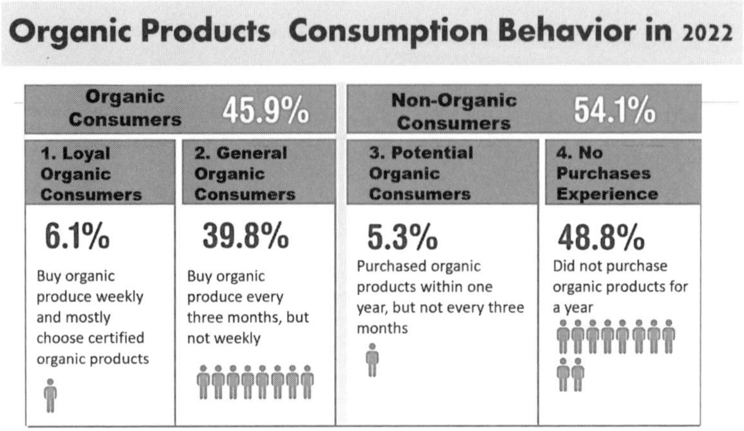

第２部　台湾における有機農業・農産物のフードシステムの動向と課題

Organic Products Consumption Behavior in 2022

Organic Consumers	45.9%		Non-Organic Consumers	54.1%	
1. Loyal Organic Consumers	**2. General Organic Consumers**	**3. Potential Organic Consumers**	**4. No Purchases Experience**
6.1%	**39.8%**	**5.3%**	**48.8%**
Buy organic produce weekly and mostly choose certified organic products	Buy organic produce every three months, but not weekly	Purchased organic products within one year, but not every three months	Did not purchase organic products for a year

Figure 5. Organic product consumption behavior in 2022.

Sources: The Agriculture and Food Agency, MOA; Organic Agriculture Promotion Center.

Thus, it provides evidence for the government that the strategy of including eco-friendly co-ops as promoting organic farmland should be the correct direction since consumer perception of organic products treats the eco-friendly concept as the highest.

Besides the consumer perception of organic food products, the characteristics of consumers are important as well. Figure 5 shows that organic consumers (45.9%) are a bit less than non-organic consumers (54.1%). It means that there is still room to promote organic food products to more different consumer groups. Among organic consumers, loyal organic consumers are only about 6.1%, while general organic consumers occupy around 39.8%. Therefore, how to increase the number of general organic consumers to be loyal organic consumers is an important step. Further, among those who are non-organic consumers, the potential organic consumers who seldom purchase organic products within one year are only 5.3%, while no purchase experience consumers are almost 50% of total

Chapter 3 A New Page of Organic Agriculture in Taiwan

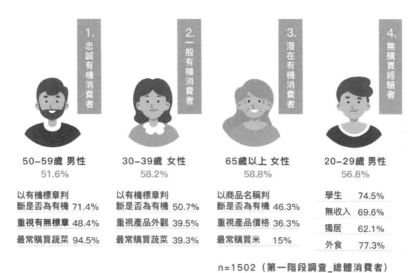

Figure 6. The characteristics of organic products consumers in 2022.
Sources: The Agriculture and Food Agency, MOA; Organic Agriculture Promotion Center..

consumers. Thus, it implies that there are still many consumers who have not purchased organic products before. This may suggest that marketers or government policymakers should consider how to encourage more consumers to try to buy organic food products for the first time, so it may potentially bring up more consumers to buy in the future.

According to Figure 5, the four types of consumer groups are important to understand their major consumers, as shown in Figure 6. Those who are royal organic consumers are 50-59 years old male, while those who are general organic consumers are 30-39 years old female. These two types of consumers care about organic labeling and often care to buy vegetables. Those who are potential organic consumers are older than 65 years old females, and they care about price and usually buy rice. Those who have no purchase experience are 20 to 29-year-old male students, and they usually

第 2 部　台湾における有機農業・農産物のフードシステムの動向と課題

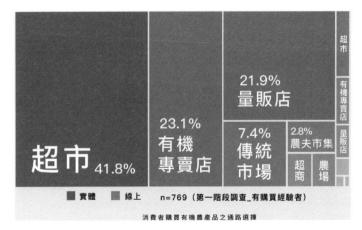

Figure 7. The channel choices of organic product consumption in 2022.
Sources: The Agriculture and Food Agency, MOA; Organic Agriculture Promotion Center.

have no income, live alone, and mostly eat out. Therefore, it reveals that older males and younger females are the major organic food product buyers.

In addition to the market channels in Figure 7, most consumers buy their organic food products through the physical market channels, and online market channels are a small portion. Among the physical market channels, the supermarket（超市）channel is the number one place to buy organic food products, about 41.8%. The second physical market channel is the organic specialty store（有機專賣店）, around 23.1%, and the hypermarket（量販店）and traditional market（傳統市場）are the third and fourth places to buy organic food products. Surprisingly, people buy organic food products from farmers' markets only about 2.8%. Hence, the market channels of organic food products are highly relevant to the market where they used to visit. However, the supermarket is also the number preferred in online market channels.

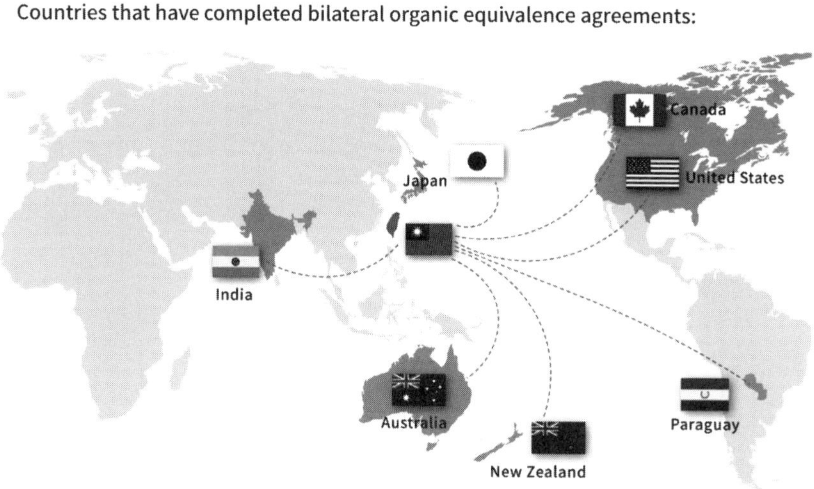

Chapter 3 A New Page of Organic Agriculture in Taiwan

Countries that have completed bilateral organic equivalence agreements:

Figure 8. Countries have bilateral organic equivalence agreements.
Sources: The Agriculture and Food Agency, MOA; Organic Agriculture Promotion Center.

Although about 190 countries are promoting organic farming in their countries, not all countries adopt the same standard of organic cultivation method. It brings up a potential question of whether one country exported their organic food products to another country still counts for organic food products. Since each country has different regulations and systems for organic agriculture, to allow international trade to proceed smoothly, countries will compare and review each other's management regulations on organic agriculture, and sign a treaty on mutual recognition of organic equivalence after the bilateral negotiation.

If two countries have an agreement on the "bilateral organic equivalence", both countries will recognize organic norms and systems for each other. In this situation, both countries will be able to sell their organic food products in their country under the name of organic. By the end of

41

第2部　台湾における有機農業・農産物のフードシステムの動向と課題

May 2020, Taiwan had completed bilateral organic equivalence agreements, shown in Figure 8, with Japan, the United States, Canada, Australia, and New Zealand. In the follow-up, the government will continue to negotiate bilateral organic equivalence with other countries to promote the growth of our organic industry.

Discussions

In the past nearly 40 years of organic agricultural development in Taiwan, the growth of organic cultivation has significantly increased. From 2017 to 2022, it shows that organic vegetables receive higher attention and demand in the market. This means that Taiwanese consumers have attempted to increase their purchase frequency of organic vegetables. This factor further boosts the higher incentive to cultivate more organic vegetables in Taiwan. The eco-friendly farming sector has boosted the organic cultivation area, which made the percentage share of total potential organic farmland up to 2.5% of total agricultural farmland. The policy of including eco-friendly farming matches the consumer's perception that most consumers care for organic food products to be eco-friendly, instead of buying from specific market channels. Although the study shows that non-organic consumers are more than organic consumers, it implies that governments or marketers need to adopt different strategies to increase consumer willingness to buy.

Although we have found that governments and marketers could adopt more different strategies to increase consumer willingness to buy, it may be not easy to reach this goal without a good trustfulness system for organic food products. The Organic Certification System often involves third-party certification bodies. These are independent organizations that verify if a

Chapter 3   A New Page of Organic Agriculture in Taiwan

Figure 9. List of organic certification bodies and labels in Taiwan.
Sources: The Agriculture and Food Agency, MOA; Organic Agriculture Promotion Center.

farm or a food producer complies with organic farming standards. Figure 9 shows that the central government authorized 16 organic certification bodies for farmers and marketers to adopt and approve their agricultural products, and consumers can refer to the organic certified label to recognize the organic food products that are safe. There were only 13 certification bodies five years ago. A higher number of certification bodies could provide more services and agricultural items for examination, so it would help the organic industry to grow.

In recent years, more and more consumers are paying attention to food safety, health, nutrition, and environmental protection issues (Losasso et al., 2012; Shah et al., 2022). Organic agricultural products have gradually become a choice for people to pursue personal and environmental health (Pongkijvorasin and McGreevy, 2021). In order to gain a deeper understanding of Taiwanese consumers' understanding of organic

43

agriculture and their consumption behavior of organic agricultural products, the Organic Agriculture Promotion Center conducted a two-stage telephone survey in 2022 to investigate consumer perception of organic products in Taiwan. More evidence shows that Royal organic product buyers are not female. Since female consumers are usually the major grocery buyers, it should bring more promotions to female grocery buyers. As the organic market demand is higher, it will also boost the growth of organic agricultural development.

On Earth Day 2021, President Tsai Ing-wen announced Taiwan's commitment to achieving net-zero emissions by 2050. Even more, the minister of the MOA further announced that the agricultural sector will reduce greenhouse gas emissions by 50% in 2040 and follow the four major net-zero policies of "reduction," "increase of sinks," "recycling," and "green trend" to establish sustainable agriculture. These policies pretty much complied with the agreement of world leaders in 2015 for 17 Global Goals (known as the Sustainable Development Goals or SDGs), which aim to create a better world by 2030. It is hoped that the methodology and quantification process of carbon reduction will be increased in the future, combined with the SDGs and corporate Environmental, Social, and corporate Governance (known as ESG), to create more international market opportunities and improve the international competitiveness of farmers and agricultural products..

With the global goals initiated by the United Nations in 2015, the development of organic agriculture will be highly related to the ESG and SDGs. It means that organic agriculture will have more influence from many different sectors. Therefore, organic products can play a crucial role in meeting the ESG needs of an enterprise by promoting environmental sustainability, ensuring legal compliance and consumer trust through

Chapter 3 A New Page of Organic Agriculture in Taiwan

certification, and offering potentially higher profitability. Organic products can address the ESG needs of businesses by ensuring sustainability, legal adherence, consumer trust, and profitability.

Conclusions

The development of global organic agriculture has been a century since 1924, while every country faces different challenges and obstacles. However, many countries encounter the slow development of organic agriculture, including Taiwan. Although the development of organic agriculture in Taiwan is just about 37 years, it is important to understand the current condition and potential growth of organic agriculture. During the past 37 years, the development of organic agriculture has received more attention from Taiwanese consumers, farmers, and even government officials. The central government already completed the definition and standard of organic agriculture, provided incentives and subsidies to support farmers to adopt eco-friendly or organic plantation, authorized 16 organic certification bodies for farmers and marketers to adopt and approve their agricultural products, and signed the agreement of the "bilateral organic equivalence" with other countries. Even more the next steps of promoting organic agriculture, the central government attempts to cooperate with ESG and SDGs policies to enhance more connections with international issues. Therefore, it is expected that the next 10 years of organic agriculture in Taiwan will move to the new page.

References
Losasso, C., Cibin, V., Cappa, V., Roccato, A., Vanzo, A., Andrighetto, I., & Ricci, A. (2012). Food safety and nutrition: Improving consumer behavior. *Food Control, 26* (2), 252-258.

45

第 2 部　台湾における有機農業・農産物のフードシステムの動向と課題

Organic Agriculture Promotion Center. Accessed date: February 15, 2024. Accessed link: https://www.oapc.org.tw/en/organic-agricultural-products/

Peulic, T., Maric, A., Maravic, N., Novakovic, A., Pivarski, B. K., Cabarkapa, I., Lazarevic, J., Smugovic, S., & Ikonic, P. (2017). Consumer Attitudes and Preferences towards Traditional Food Products in Vojvodina. *Sustainability, 15* (16) : 12420.

Pongkijvorasin, S., & McGreevy, S. R. (2021). Loving local beans? The challenge of valorizing local food in the Thai highlands. *Environmental Development and Sustainability, 23* (12), 17305-17328.

Shah, G. H., Shankar, P. Sittaramane, V., Ayangunna, E., and Afriyie-Gyawu, E. (2022). Ensuring Food Safety for Americans: The Role of Local Health Departments. *International Journal of Environmental Research and Public Health, 19* (12), 7344.

The Agriculture and Food Agency, MOA. Accessed date: February 15, 2024. Accessed link: https://www.afa.gov.tw/eng/

Willer, H., Trávníček, J., Meier, C., & Schlatter, B. (2022). *The World of Organic Agriculture 2022.* FiBL, IFOAM - Organics International.

第4章 台湾におけるオーガニック・ファーマーズマーケットの展開と意義

椋田　瑛梨佳

千葉大学大学院園芸学研究院

Erika MUKUTA

Graduate School of Horticulture, Chiba University

1．はじめに

　台湾では、有機農業栽培面積及び有機食品市場規模は急拡大している。その背景として、食の安心・安全志向、健康志向、環境志向といった消費者ニーズの高まりとともに、政府主導による有機農業に関連する政策や法整備が進められてきたことが挙げられる。2019年5月には「有機農業促進法」が施行され、有機農業の推進に向けて行政機関では多様な支援や補助金制度などを展開している。その効果も相まって、有機農産物・食品の主要な販売経路として位置づけられているファーマーズマーケットは台湾全土で70箇所までに拡大した（楊，2021）。

　有機農産物の販売チャネルはかつてオーガニック・ファーマーズマーケットや有機食品専門店が中心であったが、近年は大手スーパーマーケットなど、流通チャネルの多様化が進んでいる。そうした中で2022年5月に「食農教育法」が公布され、食を通じた教育活動は政策的支援のもと体系的な広がりをみせている。料理教室や体験学習などのイベントを展開しているファーマーズマーケットが多数存在し、消費者と直接的なコミュニケーションを取ることが可能となっている。そのため、ファーマーズマーケットは農産物販売のみならず、生産者と消費者を繋ぐ場として注目されており、交流面での期待が高まっている。

　そこで本章では、台湾におけるファーマーズマーケットの中で先進的事例

として位置づけられている「台湾・国立中興大学のオーガニック・ファーマーズマーケット」を対象とし、台湾におけるオーガニック・ファーマーズマーケットの社会的意義について明らかにすることを目的とする。具体的に運営管理者へのヒアリング調査を通して、オーガニック・ファーマーズマーケットの運営に関して実態把握を試みる。

２．有機農業の推進

　本節では、インターネットより入手可能な文献（行政機関が刊行している統計資料やプラットフォームなど）を通して、台湾における有機農業の歴史的背景について整理するとともに、オーガニック・ファーマーズマーケットの展開について体系的レビューを行う。

１）有機農業関連政策・法律立案の背景

　有機農業発展大事記[1]に記載されている内容を整理すると、有機農業の発展段階を３つに大別できる。

　第一段階は1986年から1900年代とし、台湾有機農業の黎明期といえる。有機農業の概念は1986年に海外から台湾へと導入された。その後、1990年には台灣省政府農林廳（現・農業部）[2]主導のもと、有機農業の先駆的計画として「有機パイオニア計画」が打ち出され、本格的に始動した。当計画では、有機農業の技術確立に向けて台中市や花蓮県などの農業改良場や観察区で実証試験が行われた。1995年には各地域の農業改良場により選出された農業経営体で栽培試験を行い、プロモーションに向けた活動を行ったと記されている。1996年には農業部によってコメ、野菜、果実、茶における有機栽培の基

（１）有機農業発展大事記には有機農業に関連する出来事が記載されている。詳細に関しては、以下を参照されたい。有機農業全球資訊綱（2018）「有機農業発展大事記」https://info.organic.org.tw/3086/（2024年１月閲覧）。
（２）農業部は日本の農林水産省に相当する。

準が定められ、131haで栽培試験を実施した。1998年には有機栽培の栽培技術や有機栽培で使用可能な資材を更新したほか、18品目の有機圃場管理方法、有機農産物の規格、有機農産物のラベルデザインなど、上述した項目について要点を定めた。コメ、野菜、果実、茶の4品目の有機栽培総面積は579ha、有機栽培経営体の数は668までに増加した。1999年に農業部は「有機農産物生産基準」、「有機農産物認証機構の指導要点」、「有機農産物認証団体グループ設置の要点」などの法規を管理基盤として実施することを発表した。

　第二段階は2000年代から「有機農業促進法」施行前の2018年とし、有機農業の普及・拡大に向けた成長期といえる。有機農業に関連する主な出来事は以下のようになっている。2000年には農業部によって、「有機農産物認証機構の申請及び審査作業程序」が公布された。2000年11月には、財団法人中央畜産会による第1回有機畜産品の生産規定に向けた討論、2003年4月と5月には農業部で有機畜産品の関連管理法令会議が行われた。2005年3月には、有機農産物CAS（Certified Agricultural Standards）標章の使用に向けた準備会議を行った。同年12月には初めて民間団体の主体による「台北オーガニックベジタリアン及びヘルスウェルネス展」という祭典が開催された。翌年2006年に第2回、2007年にも同様の祭典を開催し、一般消費者をターゲットとし、有機農産物や有機食品の認識度を高めるためのプロモーションが行われた。2009年には農業部によって、有機農産品の生産・認証方法を定める法令とする「有機農産品及び有機農産加工品認証管理弁法」が正式に法制化された。その他にも、有機農産品の輸入・認証方法を定める法令とする「輸入有機農産品及び有機農産加工品管理弁法」や一般農産品と有機農産品の標章及び管理方法を定める法令とする「農産品標章管理弁法」などが施行された。2009年4月には農業部より「有機農業倍増計画」が打ち出された。2009年以降はオーガニック・ファーマーズマーケットの開設助成金をはじめとする条例や法令の改正に取り組んでいる。

　第三段階は「有機農業促進法」施行後の2019年以降とし、有機農業の発展に向けた次のフェーズに移っていると捉えることができる。当法律には、国

第 2 部　台湾における有機農業・農産物のフードシステムの動向と課題

表 1　有機栽培面積及び割合の推移（2004 年から 2022 年）

| 年 | 栽培面積（ha） | | | 総面積のうち有機栽培が占める割合（%） |
	全体	慣行栽培	有機栽培	
2004 年	835,507	834,262	1,245	0.1
2005 年	833,176	831,843	1,333	0.2
2006 年	829,527	827,824	1,703	0.2
2007 年	825,947	823,934	2,013	0.2
2008 年	822,364	820,008	2,356	0.3
2009 年	815,462	812,501	2,961	0.4
2010 年	813,156	809,113	4,043	0.5
2011 年	808,294	803,279	5,015	0.6
2012 年	802,876	797,027	5,849	0.7
2013 年	799,830	793,894	5,936	0.7
2014 年	799,611	793,618	5,993	0.7
2015 年	796,618	790,128	6,490	0.8
2016 年	794,005	787,221	6,784	0.9
2017 年	793,027	785,458	7,569	1.0
2018 年	790,680	781,921	8,759	1.1
2019 年	790,197	780,661	9,536	1.2
2020 年	790,079	779,290	10,789	1.4
2021 年	787,026	775,261	11,765	1.5
2022 年	779,826	766,281	13,545	1.7

出所）有機農業全球資訊網、農業統計要覧（各年）より作成

家・地域間で有機認証について同等性が認められれば、自国の有機認証と同等のものとして取り扱う「有機同等性」が示された。現在、台湾と結んでいる国はアメリカやカナダ、オーストラリアをはじめする22か国で締結されており、日本と台湾間でも2020年 1 月より有機同等性が認められた。

　有機栽培面積及び割合の推移について表 1 に示した。有機栽培面積は年々拡大し、有機栽培の占める割合が 1 ％を超えたのは2017年である。また、2019年以降は毎年1,000ha以上が有機栽培として認証を受けており、2022年の有機栽培面積は13,545haである（農業部農糧署）。前項で挙げた 4 品目について、直近 2 年の有機栽培面積を表 2 に示した。 4 品目のうち、最も栽培面積が増加したのは野菜であるが、コメに関しては減少に転じている。

第 4 章　台湾におけるオーガニック・ファーマーズマーケットの展開と意義

表 2　品目別有機栽培面積の前年比較（2022 年及び 2023 年）

年月	栽培面積（ha）					
	コメ	野菜	果実	茶	その他	合計
2022 年 12 月	3,433	4,809	1,859	496	2,948	13,545
2023 年 12 月	3,407	8,099	1,940	533	3,582	17,561
増減	− 26	＋ 3,290	＋ 81	＋ 37	＋ 634	＋ 4,016

出所）有機農業全球資訊綱、農業統計要覧（各年）より作成

2）台湾におけるファーマーズマーケットの展開

（1）設立背景

　台湾では、ファーマーズマーケットは地産地消の一例として位置づけられ、台湾全土で展開された。賴・譚（2011）によれば、台湾ではじめてファーマーズマーケットが開設されたのは2006年の高雄市に位置する「旗美農民市集」というファーマーズマーケットとされているが、現在は運営していない。存続しているファーマーズマーケットのうち、最も長い歴史を有しているのが、2007年に開設された台中市に位置する合撲農學市集と興大有機農夫市集（台湾・国立中興大学のオーガニック・ファーマーズマーケット）である。

　設立背景として、グローバリゼーションの高まりによって食品表示の偽装問題や農薬残留問題が相次いだことで消費者は「顔の見える関係」を重視するようになったことが挙げられる。消費者のニーズに加え、農家の所得向上や販売経路の確保、地域経済の活性化などが開設の主な目的として位置づけられている。さらに、輸送距離の削減による環境負荷の軽減など社会的問題への貢献が期待されている。

　次項で詳述するが、ファーマーズマーケットの開設に係る補助金制度がスタートした時をピークとし、オーガニック・ファーマーズマーケットとファーマーズマーケットは約70箇所までに拡大した。楊（2021）によれば、次第に衰退傾向となり、現在は47箇所までに減少している。その要因の一つとして、効率的なオペレーションや持続性な経営が課題として挙げられる（董，2012；楊，2021）。こうした中で、自然や健康、高品質を重視した農産

51

物・食品が販売されているオーガニック・ファーマーズマーケットは次第に
ファーマーズマーケットの中核を担うようになった（蔡，2017）。

(2) 有機及び環境保全型農産物を販売するファーマーズマーケットの開設
助成制度

　本項では、オーガニック・ファーマーズマーケットの開設を後押しした開
設助成制度の内容とその特徴をみていきたい。

　有機及び環境保全型農産物を販売するファーマーズマーケットにおける開
設助成制度は2011年9月21日に立案され、2012年2月10日に修正、2019年1
月3日に2回目の修正が行われた。

　当制度の内容について表3に示す。具体的内容として、運営規模や補助金
の対象となる範囲、注意事項が明記されている。運営条件のみならず、出荷
者の参加資格まで示されている。ファーマーズマーケットで販売するには、
生産者本人もしくは3親等内の親族でなければいけない。補助金額の上限は、
初年度は最大80万台湾ドル、二年目は40万台湾ドル、三年目は20万台湾ドル
と定められている。

3) 小括

　以上より、次の2点が考察できる。

　第一に、台湾では法整備によって有機栽培面積が増加したと推察できる。
2009年には有機農産品に関する生産から販売、輸出など幅広い範囲を法令と
して定めたことで有機農業の推進に向けた基盤を構築したと捉えることがで
きる。今般施行された「有機農業促進法」では、有機同等性が認められるよ
うになった。そのため、海外の有機農産品を有機として取り扱うようになり、
大手スーパーマーケットでも有機認証を受けた食品を日常的に購入できるよ
うになった。

　第二に、有機及び環境保全型ファーマーズマーケットの開設に係る補助金
制度によってファーマーズマーケットは台湾で広く展開されたといえる。段

第4章　台湾におけるオーガニック・ファーマーズマーケットの展開と意義

表3　有機及び環境保全型ファーマーズマーケット開設に係る補助金制度の内容

項目	内容
目的	農業部農糧署（以下、本署）は地方政府、学校、農業団体が有機及び環境保全型のファーマーズマーケット活動を組織し、販売経路を拡大するための指針を示す
推進目標	（1）販売経路・取引プラットフォームの拡大 （2）固定の場所で定期的に開催し、地産地消やフードマイレージの短縮、地域文化への融合で （3）生産者と消費者の直接交流による信頼関係の醸成 （4）持続的経営に向けた共通認識の形成
補助対象団体	（1）地方政府、県（市）政府、大学・短期大学 （2）農業發展條例第3条第7項の規定されている農業団体 （3）農業部に登録されている民間団体 （4）農業部の承認を得ている農業財団法人 （5）農業部の承認を得ている環境保全型農業の推進団地 （6）本事業の補助対象として認められたその他の法人及び団体
実施方式	（1）運営管理方法、契約書や運営管理規則の締結 　　　はじめてファーマーズマーケットを設立するものは有機及び環境保全型農業経営体（者）を最低20箇所招集 （2）毎回の開催に置いて、少なくとも10件以上の出荷者を招集 （3）開催場所の選定を行い、使用許可を得たうえで計画を立案
申請手続きと補助対象	（1）手続きと必要書類 　　①既存のファーマーズマーケットについては、毎年1月末までに活動計画書を提出新規開設の場合は備完了後に申請 　　②出店者リストとその契約書、出店者の有機及び環境保全型栽培の認証証明書を提出 （2）補助基準 　　①机やテント、看板などの費用、教育訓練や宣伝及び食農教育に関連する活動 　　②補助金基準及び予算支出規定に基づき、総額費用の20％以上は自己調達 　　　なお、本署の上限は初年度最大80万台湾ドル、2年目は最大40万台湾ドル、3年目は最大20万台湾ドルとする 　　③補助額は計画予算に応じて増減する
出荷者の参加資格	（1）販売者は生産者本人もしくは3親等以内の親族 （2）有機・環境保全型栽培の農産物及び食品（有機の認証を含む）
開催頻度と場所	（1）開催頻度：週に1回または隔週で1～2回開催 （2）場所：土地管理者より承認を得た場所
注意事項	（1）申請したブース以外の販売は不可、違反が認められた場合は補助金の取り消し （2）運営者は出荷者の販売物のラベルを確認 　　　定期的に栽培基準を満たしているかどうか抜き打ち検査を実施 （3）申請した品目以外の販売は不可、注意勧告に従わない場合は運営者の販売によって参加資格を取り消す （4）栽培管理基準やラベルの認証の検査を行うために専門職員を派遣する場合がある （5）運営管理規則の内容には、多くの出店者が参加できるよう、出荷者の入れ替わり体制を含める必要がある

出所）農業部農糧署より作成
注：原文通りではなく、筆者によって要約したものを示す

53

階的に補助金額の上限は減少しているが、手厚い支援を行っている。ファーマーズマーケットの数については、ピーク時の約70箇所から47箇所まで大きく減少している。そのため、持続的な経営は課題として挙げられる。

3．事例調査

1）研究概要

　ファーマーズマーケットの先進事例として位置づけられている興大有機農夫市集（台湾・国立中興大学のオーガニック・ファーマーズマーケット）を調査対象とした。運営責任者に対して、運営面についてヒアリング調査を実施した。調査時期は2018年9月、2019年9月、10月であった。調査は対面面接式で行った。

（1）調査対象地の地理的特性

　台湾・国立中興大学のオーガニック・ファーマーズマーケットは、台湾中部の台中市南区に所在する。台中市の人口は約286万人で、新北市に次いで最大の都市である（臺中市政府民政局，2025）。

　台中市の気象条件として、1991年から2020年の年間平均気温は23.7℃、年間降水量は1762mmと年間を通じて温暖な気候である（交通部中央氣象署）。台中市政府農業局によれば、主要栽培品目として柿やポンカン、ライチといった果実類のほか、イモ類が挙げられる（台中市政府農業局）。台中市は彰化県や南投県、苗栗県など農業生産が盛んな地域に隣接している。

　台湾・国立中興大学までは台鉄台中駅（臺中火車站）から約2.8km離れており、バスで10分程度である。大学周辺のバス停には、複数路線の停留所となっており、アクセスは比較的良好である。また、キャンパス内には有料だが、複数箇所に駐車スペースがある。

（2）運営概況

2007年9月に台湾国立中興大学の大学教授によって開設された。当初は大学主体であったが、現在は独立した組織として運営している。設立経緯は、零細な有機栽培経営体の販売経路の確保や生産者と消費者を繋ぐ場の提供であった。出店者数は開設当初は20戸未満であったが、ヒアリング調査時の2019年10月時点には43戸までに拡大した。開催場所は大学キャンパス内の屋外スペースとし、開催頻度は週1回である。開催日時は毎週土曜日の午前8時から12時までとなっている。

2）運営方法

出店者の集合時間は営業開始1時間前の午前7時である。出店準備として、他の出店者や運営スタッフと協力しながらテントの骨組みやテント上部のビニールを運び、組み立て作業を行う。テントを組み立てた後は机や椅子を運び、自身のブースで販売準備をする。

販売方法は主に生産者自身やその親族が店頭に立ち、個別ブースで販売する形式を取っている。ブースでの売り方は個人に委ねられており、量り売りと個包装での販売方式の2形態となっている。販売価格は出荷者自身で設定する。販売品目に関しては、事前に販売申請を出している農産物・食品に限定されている。いずれの農産物・食品は、国立中興大学オーガニック・ファーマーズマーケットが指定している有機認証検査機関での検査に通過し、認証を受けた商品のみが販売可能である。個別ブースには、品目とその値段が表示されている札や有機認証証明書が掲げられている。また、品質管理に向けて、農薬残留検査が行われている。毎月ランダムに検査対象を選出している。検査結果はホームページや開催時に掲示されている看板で結果を公表している。

意思決定の部分に関しては、出店者の中から選出された人で構成される「農民自治委員会」という組織で運営の方向性について議論している。主な役職は、会長、副会長、金融部門、会場部門、規則部門が挙げられる。さら

に、出店者全員が参集範囲となるミーティングを月に1回程度行い、出荷者同士のコミュニケーションの場を設けている。ミーティングの内容は運営方針や注意事項の共有など多岐にわたる。農学分野に在籍している国立中興大学の先生は経営コンサルタントの立場として参画している。

3）出店者の特徴

椋田・櫻井（2021）では、オーガニック・ファーマーズマーケット出店者に対して出荷満足度に関するアンケート調査を実施した。出荷者満足度分析の結果に関しては、椋田・櫻井（2021）を参照されたい。調査方法は2019年9月から10月に対面面接式で実施し、固定出荷者に調査依頼を行い、大部分の出店者から回答を得ることができた。有効回答数は35であった[3]。本節では、出店者属性から得られた結果をもとに、出店者の特徴把握を試みる。

出店者属性について表4に示す。出店者の年齢層は偏りがなく、幅広い年代が参加している。回答者の性別は男性と比べると少ないが、女性の割合が40％と比較的高い傾向がみられる。このため、性別や年齢を問わない多様な出店者が集まっていると捉えることができる。

出店歴についてみると、「2010年から2012年」、「2007年（開設当初）」、「2008年から2009年」の順で多い。2016年以降に加入した出店者は2戸となっている。出店歴が10年以上経過している出荷者は全体の約8割を占めており、持続的に出荷していることが読み取れる。

農場からオーガニック・ファーマーズマーケットまでの所要時間は、所要時間が59分以内と回答した出店者は全体の約3分の1であった。その理由として、農場の所在地は台中市以外と回答した人が多いことが理由として考え

（3）本調査は、国立中興大学のオーガニック・ファーマーズマーケット（土曜日開催）とMIT興大有機農産品驗證市集（日曜日開催）で実施した。MIT興大有機農産品驗證市集では、台湾トレーサビリティの認証や有機認証を受けた農産物や加工品が販売されている。MIT興大有機農産品驗證市集の出荷者のうち、有機栽培農家のみ調査を行った。

第4章　台湾におけるオーガニック・ファーマーズマーケットの展開と意義

表4　アンケート回答者の基本的属性

		戸数 （戸）	割合 （％）			戸数 （戸）	割合 （％）
性別	男性	21	60.0	出荷 開始年	2007 年	9	25.7
	女性	14	40.0		2008〜2009 年	8	22.9
年齢	30 代	6	17.1		2010〜2012 年	12	34.3
	40 代	9	25.7		2013〜2015 年	4	11.4
	50 代	9	25.7		2016〜2019 年	2	5.7
	60 代	9	25.7	所要時間	59 分以内	12	34.3
	70 代	2	5.7		60〜89 分以内	12	34.3
					90 分以上	11	31.4
有効回答数		35					

出所）筆者作成

られる。さらに、所要時間が120分以上と回答した出店者は6戸であった。これは有機農産物・食品の販売経路は限定的であることが推察される。

4）利用者の特徴

　定性的観察によって得られた知見をもとに利用者の特徴について整理する。利用者属性として、大学教員やその家族、子育て世代、高齢女性が多い傾向がみられる。外食文化が定着している台湾では、毎食外食という人も少なくない。そのため、オーガニック・ファーマーズマーケットの利用者は消費者の中でも食に対する意識や健康志向が高いことが考えられる[4]。買い物客は単に農産物を購入するだけではなく、出店者とコミュニケーションを取りながらその商品の特徴や調理方法など会話を交わしていた。その中には、特定の出店者に対する常連客が見受けられ、世間話をしていた。

　リピータ確保に向けた取組として、メンバーズカード制度を導入している。当制度は、一般会員とVIP会員という2つのグレードが存在する。購入金額や自宅から持参した紙袋の数（エコ活動を目的に回収している）に応じてポイントを取得し、VIP会員に昇格できる。VIP会員になると、農産物は10%、

(4)定性的な観察によって得られた知見である。

お茶やコーヒー類は５％の割引を受けることができる。会員数に関しては、一般会員14,000人、VIP会員は2,000人であった⁽⁵⁾。

董（2012）では、台湾国立中興大学のオーガニック・ファーマーズマーケット会員のうち、大学を中心として半径約８km以内に居住している人の割合は高いと指摘している。主な客層は近隣住民であることが示唆され、地元の利用者をターゲットにしたマーケティング戦略を策定する必要があると考えられる。

５）農産物販売以外の活動

近年、台湾国立中興大学のオーガニック・ファーマーズマーケットでは、食農教育に力を注いでいる。具体的な活動として、親子を対象としたDIY体験や料理教室、学校への出前授業、出荷者の農場を訪問するツアーなどが挙げられる。2014年には、近隣小学校と共同で２年間の食農教育プログラム、2018年からは幼稚園を対象としたプログラムを実施している。この経験をもとに、幼稚園での食農教育マニュアルの作成を共同で開発した。幼稚園の先生はこのマニュアルをもとに子供たちへの食農教育に取り組んでいる。食農教育の内容は、食や農に関する項目（例えば、どのように作物が成長するのか、有機認証制度、虫はどのように発生するのか、など幅広いテーマを取り扱っている）座学８回分と１回分は成果報告会として、オーガニック・ファーマーズマーケットでの販売体験などを行っている。食農教育マニュアルの詳細に関しては、楊・許（2019）を参照されたい。

親子を対象としたDIY体験や料理教室については、オーガニック・ファーマーズマーケットの開催日時に合わせて不定期で開催されている。これまでに行われたイベントの例として、行事食の料理教室や行事（例えば、クリスマスリースづくり）などが挙げられる。オーガニック・ファーマーズマーケットの出店者が講師となる場合があり、生産者と消費者が直接交流できる

（５）2018年９月のヒアリング調査時に取得したデータであるため、現在と異なる。

第4章　台湾におけるオーガニック・ファーマーズマーケットの展開と意義

場となっている。なお、イベント参加には費用を支払わなければならない。

6）小括

　以上より、オーガニック・ファーマーズマーケットの運営特徴について次の2点が考察できる。

　第一に、当オーガニック・ファーマーズマーケットでは農産物販売のみならず、食農教育などの多様な活動を展開している。イベント開催やメンバーズ会員制度などユニークな取組を通して利用者が定着していると考えられる。

　近年は親子を対象とした食農教育に注力しており、世代を問わず、幅広い層から支持されている。

　第二に、出荷者の基本的属性から持続的な出荷体制を構築していると捉えることができる。農場から販売先までの所要時間が長いにも関わらず、10年以上販売している出荷者は全体の約8割を占めている。長期的に出荷するには、安定的に農産物を栽培することが重要である。それを後押しするのは出荷者同士や利用者との直接的コミュニケーションの影響が大きいと推察される。出荷者同士での情報共有に加え、利用者からの声をタイムリーに聞くことで農業に対するモチベーションの向上に寄与していると考えられる。

4．おわりに

　本章では、台湾における有機農業の歴史的変遷について整理するとともに、台湾国立中興大学のオーガニック・ファーマーズマーケットを事例とし、運営特徴について概観した。

　オーガニック・ファーマーズマーケットの社会的意義として以下の2点が挙げられる。

　第一に、直接的なコミュニケーションが活発であるため、出荷者の農業に対するモチベーション向上に寄与していると考えられる。前節で整理したように、当オーガニック・ファーマーズマーケットでは直接的な交流が活発で

59

第 2 部　台湾における有機農業・農産物のフードシステムの動向と課題

あることから出荷者同士で情報交換や悩みの共有など他者に相談できる体制が構築されていると考えられる。また、出荷者組織や月1回のミーティングを通して運営に対する共通認識を共有しているため、長年出荷している人が多いと推察できる。

　第二に、オーガニック・ファーマーズマーケットは地域の交流拠点として機能しているといえる。食農教育に関するイベントが開催されているため、親子のみならず、食に対する意識の高い人が集う場所として捉えられる。また、当オーガニック・ファーマーズマーケットの会員の大部分は近隣住民であることから、地産地消の交流拠点としての役割を果たしている。そのため、食や農を通じたコミュニティの形成によってオーガニック・ファーマーズマーケットは地域の重要な交流拠点として機能していると捉えられる。

引用文献
農業部（各年）「農業統計要覧」
農業部農糧署「輔導設置有機及友善農民市集補助原則」
　　https://www.afa.gov.tw/cht/index.php?code=list&ids=555（2024年1月閲覧）.
農業部農糧署「有機栽培農戸数及種植面積概況」
　　https://info.organic.org.tw/3085/（2024年1月閲覧）.
交通部中央氣象署「氣候月平均降水量」
　　https://www.cwa.gov.tw/V8/C/C/Statistics/monthlymean.html
　　（2024年1月閲覧）.
交通部中央氣象署「氣候月平均氣温」
　　https://www.cwa.gov.tw/V8/C/C/Statistics/monthlymean.html（2024年1月閲覧）.
賴鳳霙・譚鴻仁（2011）「臺中合樸農學市集的形成過程行動者網絡理論的觀點」『地理研究』54：9-42. https://www.ris.gov.tw/app/portal/346（2024年1月閲覧）.
椋田瑛梨佳・櫻井清一（2021）「台湾の直売施設における出荷者の特徴—ファーマーズマーケットと農産物直売所の出荷者満足度に着目して—」『農業経営研究』59（2）：91-96.
台中市政府農業局（2023）農業統計（2016年〜2021年）https://www.agriculture.taichung.gov.tw/12889/13410/2280127/（2024年1月閲覧）.
臺中市政府民政局「人口管理統計平台」https://demographics.taichung.gov.tw/Demographic/index.html?s=16355131（2025年2月閲覧）.

第4章　台湾におけるオーガニック・ファーマーズマーケットの展開と意義

有機農業全球資訊網「歷年有機農業統計」https://info.organic.org.tw/8269/（2024年9月閲覧）.
蔡政諺（2017）「認識農夫市集營造在地農民文化友善循環」『豐年』67（8）：20-25.
董時叡（2012）「臺灣地區有機農產品行銷與農夫市集　Organic product marketing and farmers' market in Taiwan」『國際有機農業產業發展研討會專刊』特刊第113號：73-83.
楊文仁・許雅惠（2019）「小小農夫趣市集　幼兒園有機食農教育操作手冊　初版」台灣有機農夫市集發展協會.
楊文仁（2021）「簡單不簡單　農民認同的農夫市集型態與發展優化」https://www.oapc.org.tw/%E7%B0%A1%E5%96%AE%E4%B8%8D%E7%B0%A1%E5%96%AE%EF%BC%9A%E8%BE%B2%E6%B0%91%E8%AA%8D%E5%90%8C%E7%9A%84%E8%BE%B2%E5%A4%AB%E5%B8%82%E9%9B%86%E5%9E%8B%E6%85%8B%E8%88%87%E7%99%BC%E5%B1%95%E5%84%AA%E5%8C%96/（2024年1月閲覧）.

写真　興大有機農夫市集の様子
出所）筆者撮影

第5章　台湾における多様な流通主体による
有機食品のフードシステム形成と課題

佐藤　奨平*・川手　督也*・李　裕敬*・楊　上禾**
*日本大学生物資源科学部・**国立中興大学生物産業管理研究所
Shohei SATO, Tokuya KAWATE, Youkyung LEE, Shang-Ho YANG
*College of Bioresource Sciences, Nihon University
** Graduate Institute of Bio-Industry Management, National Chung Hsing niversity

1．はじめに

　近年の台湾では、安全・安心・健康志向の高まりを背景に、有機農産物・食品の販売量が年々増加し、オーガニック市場が急速に成長してきている。精進料理でもある「素食」を好む多くの敬虔な仏教徒や国民の1割以上を占めるベジタリアンの存在も、オーガニック消費を後押ししている[1]。可塑剤事件（2011年）、食用油製品事件や中毒性澱粉事件（2013年）、廃油を原料にした食用油の流通事件（2014年）、アフリカ豚コレラ（2018年）等の発生は、食品の安全性に対する関心を高めるとともに、認証を受け確実に信頼できる食品を求める消費者のニーズを生み出すこととなった。こうした社会的背景から、有機農産物・食品に対するニーズが高まってきたと言える。2016年からは、五大社会安定計画（2016年）の中で「食安五環」政策が推進されてきた。①原料の化学物質等の管理、②生産管理の再構築、③検査の強化、④悪意のある製造業者への責任加重、⑤全ての人による食品安全の監督、が求められるというものである。小売店の生鮮食品の売り場では、産地表示や生産履歴開示等が普及（佐藤ほか，2017など）してきている。

（1）食品工業発展研究所は、台湾のベジタリアン人口を約10%（2016年）と推測している。

第5章　台湾における多様な流通主体による有機食品のフードシステム形成と課題

　2021年における台湾の有機農地面積は11,765ha、国内農地の1.5％を占めており、有機農家は4,436戸である[2]。これに対して2021年における日本の有機農地面積は26,600haであり、うち有機JAS認証を受けた農地は15,300haである（農林水産省調べ）。これは国内農地に占める0.6％であり、有機農家は12,000戸（最新2010年）と推定される（農林水産省調べ）。比率でみると、台湾の方が日本よりも２倍以上高いと言える。台湾においては、年々有機農地が増加してきている。行政院での有機農業促進法の草案承認（2017年）、立法院での有機農業促進法の可決・成立（2018年）を経て、日本の農林水産省に当たる行政院農業委員会では、台湾国内の有機農産物・食品のフードシステムに関する積極的な推進を政策的に位置づけることとなった。また、海外の市場開拓にも意欲的になってきている。では、台湾において有機農業・有機食品は、どのようにして広がってきているのであろうか。

　既往研究をみると、台湾有機農業の生産動向は蒭谷（2000）などで整理・検討されているが、加工食品を含む流通・販売動向はほとんど明らかにされていない。大山ほか（2016）では、今後の有機農産物・食品の動向と展望について、市場構造・需要動向、流通特性、消費者行動等のサプライチェーン視点からの論点を提示している。また酒井（2015）・桝潟ほか（2019）では、有機農産物流通の類型化と特徴が示され、ヨーロッパと比較した場合、日本は依然として量販店等一般流通の割合が少なく、運動的性格や生産者と消費者の関係性を持つ流通が存続しており、市場の性格変化は緩やかなことを指摘している。

　そのうえで木立（2009）は、協働を基礎とする小売主導型農産物・食品のチェーン構築の具体的ポイントとして次の三つを挙げている。第1に付加価値型・価値創造型小売業への脱皮にみるような小売業者による画一的な

──────────

（2）FiBL & IFOAM, "The World of Organic Agriculture Statistics and Emerging Trends 2023" のデータによる。なお、台湾では、国際的な有機農業者組織であるIFOAMに加盟していないが、コーデックスガイドラインに準拠しており、他国との同等性評価を進めるなど、国際化への対応を図っている。

第2部　台湾における有機農業・農産物のフードシステムの動向と課題

チェーン・オペレーションの見直しとフォーディズムからの脱却、第2に新商品開発・品揃え戦略を前提とする調達・供給から販売に至るチェーン再構築にみるような付加価値・価値創造に係わる目標のチェーン組織間での共有、第3に公正・正義の原則に則った取引契約の定式化によるシステム・デザイン策定にみるような真の消費者利益実現のための供給の多様性と持続性の確保である。こうした視点から台湾での実態を明らかにする必要がある。

　これに関連して大山ほか（2016）は、特に生協組織による「オーガナイズド・コンシューマー」の論点を明らかにしている。すなわち、日本の有機農産物・食品流通の発展には、多くの場合、会員・組合員ら消費者の組織化が重要なファクターになったということである。台湾におけるオーガナイズド・コンシューマーの役割と意義は、どのようなものであろうか。同時に、会員制による従来の産消提携を「クローズド・マーケット」、小売業態により不特定多数の生産者と消費者を結ぶ流通を「オープン・マーケット」とした小川・酒井編（2007：p.132）の指摘から経営の実態をみると、どのように評価することができるであろうか[3]。

　以上から本章では、台湾における多様な流通主体による有機食品のフードシステム形成と課題について、台湾最大の有機専門小売チェーンである里仁事業股份有限公司（以下「里仁」と略記）及び台湾最大の生協組織である台灣主婦聯盟生活消費合作社（以下「生活消費合作社」と略記）の二つのケーススタディをもとに検討する。

　台湾では、コメ、野菜、果物、茶が代表的な有機農産物に挙げられてい

（3）こうした中で辻村（2013）は、日本型生協による先行事例として京都生協による産直の仕組み（同書第2章）や生活クラブ生協の産消提携における取引形態・商品開発プロセス（同書第3章・第4章・第5章）の実態分析を行っている。ただし、従来このような内容に関して台湾の生協を対象とする調査・分析は行われていない。なお生活消費合作社は、生活クラブ生協（日本）や幸福中心生協（韓国）と積極的に交流し、相互に影響を与え合っている生協組織である

る[4]。これらの代表的な有機農産物の販売実態を把握するために、台北市
内の米農家（2019年1月）、台中市内の野菜農家（同）、屏東縣内の果樹園お
よび農会（2019年3月）、南投縣内の茶農家（2018年12月・2019年3月）、台
北・台中市内における大型量販店、スーパーマーケット、有機専門小売店で
ある棉花田生機園地（2018年12月，2019年3月）に対して現地ヒアリング調
査を行った。同時に有機食品については、味榮食品工業股份有限公司（2019
年1月，追加調査2023年9月・12月）に対して現地ヒアリング調査を行った
（佐藤ほか，2022）。台湾における多様な小売店の経営展開や有機食品メー
カーとの契約関係等をみたうえで、里仁と生活消費合作社の事業展開とフー
ドシステム形成に関する調査を実施した[5]。

　里仁（写真1）では、旗艦店店長に対する現地ヒアリング調査（2018年12
月，2019年3月・12月，追加調査2023年9月・12月）では、第一に経営概況、
経営組織、取扱製品、契約先、消費者等のマーケティング戦略について、第
二に市場構造・需要動向、流通特性、消費者行動を踏まえたオーガニック・
サプライチェーン構築等を調査内容とした。なお、主体間関係の実態を分析
するために、里仁の契約先である宝樹自然茶園を訪問し、茶園代表に対する
現地ヒアリング調査（2018年12月，2019年3月）を実施した。さらに、里仁
の加工食品のサプライチェーンと開発プロセスの実態を確認するために、里
仁本部の食品開発責任者に対する現地追加ヒアリング調査（2019年12月）を
実施した。

（4）Taiwan Organic Information Portalによる。
（5）以上の現地調査の結果、大型量販店、スーパーマーケットでは、生鮮農産物
　　とくに野菜・米では有機であることや生産履歴を開示した販売が盛んになっ
　　てきているが、オーガニック系加工食品は、とくに販売コーナーが設けられ
　　ることがなく、取扱割合が少ない状況にあることが確認された。こうした状
　　況下でとくに注目できるのが、台湾最大のオーガニック専門小売店チェーン
　　ストアである里仁の事業内容である。里仁は、全国展開することで、有機農
　　産物の安定的な販売先となり、有機農家・食品メーカーに関与しつつ、台湾
　　のオーガニック・サプライチェーン構築に重要な役割を果たしている。

第2部　台湾における有機農業・農産物のフードシステムの動向と課題

写真1　里仁事業股份有限公司（台北旗艦店）

出所）2023年12月筆者撮影。

　生活消費合作社（写真2）では、同社の理事主席（理事長）に対して、経営・取引実態と協働型商品開発および有機・自然食品のフードチェーン構築の内容を中心とする現地ヒアリング調査（2018年12月、2019年3月、2020年1月）を実施した。また、協働型商品開発のより詳細な実態把握のため現地追加ヒアリング調査（2020年9月・10月）を行った。

　本論では、以上の調査結果をもとに、第2節で台湾の多様な小売店の展開を整理したのち、第3節で里仁による事業展開とフードシステム形成、第4節で生活消費合作社による事業展開とフードシステム形成に関するそれぞれの実態・特徴をモノグラフに依拠して分析する。結論では、既往研究によって提示された論点をもとに考察し、課題を明らかにする。

第5章　台湾における多様な流通主体による有機食品のフードシステム形成と課題

写真2　台灣主婦聯盟生活消費合作社

出所）2019年12月筆者撮影。

2．台湾における多様な小売業の展開

　台湾における食品流通小売業の動向をみると、家族経営を中心とする小規模零細な店舗が数多く存在すると同時に、1990年以降、政府が先頭に立ってPOSシステムを利用して顧客満足重視のサービスを目指す政策によって、各業種・業態ともに急速に成長（日本貿易振興機構, 2011）してきた。台湾で成長著しい有機農産物・食品は、さまざまな流通経路を有しているが、市場シェアに占める専門小売店の割合の高さが指摘されている[6]。

　台湾の有機農産物・食品の専門小売店は、上位からLeezen（里仁）〔129店舗, 2023年には134店舗〕、Uni President Santa Cruz（統一系）〔96店舗〕、

（6）Yangほか（2019）p.67。なお、2006年のデータでは専門小売店の占める割合は73％を占める。

67

Yogi House（無毒的家）〔70店舗〕、Cotton Land Health Stores〔61店舗〕、Orange Market〔19店舗〕、Organic Garden〔11店舗〕、Organic Yam〔10店舗〕、Anyong Fresh〔9店舗〕、Green & Safe〔5店舗〕で構成されている[7]。

台湾における有機農産物・食品販売のタイプは、⓪里仁などの専門小売店や生活消費合作社、①裕毛屋（写真3）に代表される日本食品・農産物に特化した高級スーパー（佐藤ほか，2017）、②微風超市（Breeze Super）、City' super等の百貨店内の食料品店、③家樂福（Carrefour）、大潤發（RT-MART）、愛買（a.mart）等の量販店内の食品売場、④全聯福利中心、頂好（Wellcome）、美廉社等のスーパーマーケット、⑤ファミリーマート、セブンイレブンなどのコンビニエンスストア、⑥個人経営、以上の七つに分類できることが、現地調査で明らかになった。

写真3　裕毛屋

出所）2023年3月筆者撮影。

各店舗の売場責任者に対する現地ヒアリングによれば、「商品が日本産であることだけで、安全でよい品質の証になっており、信頼感がある」ために、特に、①高級スーパー、②百貨店内の食料品店では、店の入口付近に日本産の生鮮農産物を置いたり、定期的に日本の物産展を開催したりする店も少なくない。生鮮農産物売場に占める有機農産物の取扱割合（図1）は、⓪が90〜100%、①・②が70〜90%、③が30〜40%、④・⑤・⑥が0〜20%程度となっている。中流層以上の利用が多いとされる①・②では、安全・安心・健康志向による消費者ニーズに対応している。また、日本より先行して⑤に位置するセブンイレブンでは有機カット野菜の販売を開始しており、今後、③・④・⑥を巻き込んでの有機農産物・有機食品ビジネスの活発化が期待さ

---

[7] Wu, P., & Anderson Spreche,A., (2017) による。

第5章　台湾における多様な流通主体による有機食品のフードシステム形成と課題

れる。

　また、有機農産物や加工食品をはじめとする安全・安心な食品への需要は高まり、有機認証を取得した農産物のみならず、TAP（台湾TGAPとトレーサビリティの組合せ）を取得した農産物の需要が高まってきている（図2）。台湾最大の食品スーパーである全聯や家楽福グループ等では、有機農産物やTAPのコーナーが拡大中であり、コメや加工食品についても拡大傾向にあることを現地調査によって確認した（2023年9月追加調査）。家楽福グループのプロモーション戦略は安全・安心のみならず、環境面や動物福祉にみるエシカル消費やSDGs・ESGなどの訴求が顕著になってきている。こうした動向は、有機専門小売店でも同様であり、新型コロナ禍の健康志向のさらなる高まりによって売上を伸ばすと同時に、有機認証や有機加工品の取り扱い品目が増加した。

　以上のように、これまで台湾の有機食品・無添加食品のマーケットやフードシステムは、多様な小売店によって形成されてきたと言える。とくに、有機専門小売チェーン（佐藤ほか，2020）や生協組織（佐藤ほか，2021）が先導的・中心的な役割を果たしてきた。台湾において有機食品は多くの場合、無添加の加工食品である自然食品と並べて販売されてきた。

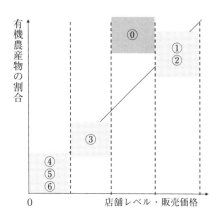

図1　生鮮農産物売場に占める有機の割合
出所）現地調査をもとに佐藤作成。

図2　有機認証とトレーサビリティ

第 2 部　台湾における有機農業・農産物のフードシステムの動向と課題

3．里仁事業股份有限公司による事業展開とフードシステム 形成

1）経営の概況と展開

　里仁事業股份有限公司は、㈶慈心有機農業発展基金会と協力して、多くの農家に有機農業への投資を促し、「人間の心を浄化する」との理念を実践するために1998年に設立された。台湾では仏教徒が人口の 3 割以上を占めており、お経の勉強会を営む僧侶が創業した。読経は人間の心を浄化するとの考えに基づき、それならば食べ物も清らかでないといけないとの考えが創業の原点にある。経営理念には、誠心・互助・感恩による「里仁為美」の考え方がある。2022年 1 月からは、生鮮食材と加工食品それぞれについて里仁独自の規範表示「永続食材指南」を設けることとした。「永続食材指南」（Sustainable Food Guide）表示は、SDGsの考え方に依拠しながら、友善耕作、少添加物、低炭素食、本土生産、資源循環、以上の五大原則に基づいている。店舗にあるすべての商品には、この五大原則のうち何が対応しているかが表示されている。

　年間売上高は2014年が10億元であったが、2023年には29億元にまで伸長した（新型コロナ直前の2019年は19億元）。年間売上金額に占める割合は、加工食品が約80％、農産物が約10％、コットン及びサプリメント類が約10％である。台湾で134店舗を経営しており、台湾最大のオーガニック専門小売店に成長した[8]。海外では、米国、カナダ、シンガポール、マレーシア、上海、香港などで展開している。適正価格の実現と直接契約で農家の生計を安定化し、安全な農産物を食品メーカーが取り扱えるようになることを推進している。たとえば、契約先の宝樹自然茶園（写真 4 ）では、生産した茶製品

（8）2019年時点では133店舗であったが、2023年には134店舗となった。新型コロナ禍では消費者の健康意識がさらに高まり、免疫力を高めるサプリメントや「疫護茶」、冷凍食品やインスタント食品・缶詰等の売れ行きが好調であったため、売上が高まった（追加調査2023年 9 月実施による）。

70

第 5 章　台湾における多様な流通主体による有機食品のフードシステム形成と課題

の40％を里仁へ供給することで、茶園経営は安定化した。契約は、有機認証機関「慈心」の担当者の仲介によって締結された。

　従業員は全体で約2,000名、台北の本部に約100名が常駐している。本部では、主に7部署（農産物、食品開発、商品管理、品質管理、マーケティング、理念、店舗管理）を設置している。主な消費者は、仏教信者や食・環境に高い意識をもつ40歳代から60歳代の主婦層が中心であり、生協である台湾主婦連盟生活消費合作社等とは異なり、会員制（生協は組合員）としないことで、一般顧客でも広

写真4　宝樹自然茶園
出所）2017年3月筆者撮影。

く購入できる環境を用意している。配達も行っており、店舗で購入しても、TELやネット注文でも受け付けている。配達料は1,500元以上購入すると3km以内は無料である（3km以上は3,000元、6km以上は4,500元の購入でそれぞれ配達料が無料）。新型コロナ後は配達の利用者が30％以上増えた。

2）オーガニック・サプライチェーン

　里仁の売上高のうち、農産物が約10％、加工食品が約80％を占めている。農産物は、有機野菜・果物（一部、慣行農家から有機農家への転換期の生産物も取り扱うことがある）を取り扱っており、ムギ、ダイズ、セロリ、ブロッコリー、キウイ、リンゴなど国内であまり生産していないものは輸入に頼るが、主要な野菜・果物・米は国産とし、国内農業の振興に貢献している。台湾の有機農産物に関する認証制度は、2007年に改訂された農産物生産と認

71

証管理に関する法律に定められ、行政院農業委員会（日本の農林水産省にあたる）に認定された認証機関が運用している。台湾には13の認証機関（2019年）があり、里仁ではそのうちの一つである慈心有機驗證股份有限公司をはじめとする9認証機関のものを受け入れている。なお、仏教で禁食の五辛に指定される野菜（ニラ、ネギ、ニンニク、ラッキョウ、タマネギなど）は販売しない。加工食品は、原料・添加物に厳しい基準を設けて、食品メーカーとのタイアップで製造・販売を行っている。

(1) 有機農産物のサプライチェーン構築

　有機農産物は、流通・物流を含めて生産から小売段階までを組織化している（図3）。有機のものは95％、有機転換期のものは5％であり、ほぼすべてを300～400戸の国内契約農家より仕入れている。慣行農家でも付き合いを深めていくと、有機農家へと転換するケースもみられる。里仁が有機農家に関与しており、専任担当者がつねに契約農家と連絡・調整を行う体制を整えている。年に一度は、関連する学校施設を利用して契約農家のための研修会を開催している。有機農家への転換期には、数万人の読経仲間の積極的な購買行動等による支援体制が整っているのと同時に、里仁という契約販路がすでにあることが重要である。

　契約先農家の一つである家族経営の宝樹自然茶園は、耕地面積4.5haで烏

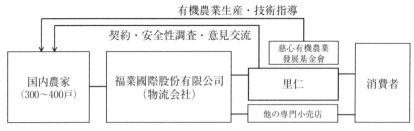

図3　里仁関連の有機農産物のサプライチェーン構築

出所）里仁での現地ヒアリング調査により作成（佐藤ほか，2020）。

龍茶を中心に栽培している。経営主である謝氏は、勤めていた企業を退職後、父から経営を承継し、2003年に自然農法を開始した。当初は農会（農協）から資金を借り入れていたが、2007年の里仁との契約締結後にようやく経営が安定化した。両者の契約には、慈心の担当者の仲介があった。現在では、茶園で生産した茶製品の40％を里仁へ供給するまでに成長している。慈心はそのようなコーディネートのほか、農家に対して、有機農業生産・技術に関する指導を行っている。農家で生産した農産物は、農会や卸売業者を通さず、有機農産物流通に特化した里仁の関連会社である福業國際股份有限公司が集荷し、大半を里仁の各店舗に納入するとともに、一部は他のオーガニック専門小売店に仕向けている。里仁の農家に対するアプローチは、契約や意見交換にとどまらない。万が一、基準値以上の残留農薬などが検出されてしまった場合には、出荷・販売を一時中止し、調査を実施する。調査結果によっては、ペナルティを課したり契約解除を行ったりできるが、現在までそうしたケースはほとんどない。

(2) 加工食品のサプライチェーン構築

里仁では、加工食品については、食品メーカーと深く連携しつつサプライチェーンの構築を推進している（図4）。台湾国内の食品メーカー350社と契約し、加工食品約1,000アイテム中、約700アイテムの里仁ブランド（PBと

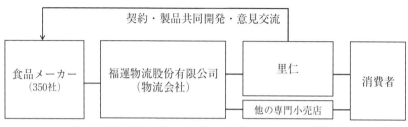

図4　里仁関連の加工食品のサプライチェーン構築

資料）里仁での現地ヒアリング調査により作成（佐藤ほか，2020）。

いう言い方はしない）を独自開発し、残りの約300アイテムは下記の基準をクリアした食品メーカーが製造したものまたは輸入品となっている。店頭では、すべての加工食品に、有機原料の含有割合を三つのグレード（有機・優・良）で表示している。「有機」は原料の95％以上（全体の約1割）、「優」は原料の50～94％（全体の約2割）、「良」は0～49％以下（全体の約7割）である。

里仁では、あらかじめ「食品の基準（原材料・添加物）」を設定している。原材料については、①国産かつ有機・天然原料を使用すること、②新鮮な原料で遺伝子組み換え作物でない成分であること、③里仁の基準を満たし生産履歴があるもの、④使用する油脂はトランス脂肪酸がないもの、⑤無化学加工の澱粉を推奨すること、⑥醤油は無防腐剤・無人工調味料の本醸造醤油を使用すること、⑦生命を尊重することを理念に卵とラードを原料にしないことを定めている。添加物については、国は814種類の添加物を認可しているが、うち里仁では68種類のみを指定している。たとえば、防腐剤、漂白剤、色保持剤、人工色素、化学性香辛料は使用禁止としている。なお里仁の基準外の添加物をやむを得ず使用する場合は、特例として申請し、国内外の研究を参考に判断することにしている。バイヤーが食品メーカーと交渉する際には、すべてこれらの基準に則っている。

以上の基準の設定を踏まえ、里仁では原料調達のプロセスを設計している（図5）。これによれば、小麦粉、塩、砂糖、大豆油、大豆繊維、醤油、ココア、有機米といった加工食品に共通する原料を決定したのち、原料供給メーカーと規格を決定する。

共通原料の決定
小麦粉、塩、砂糖、大豆油、大豆繊維、醤油、ココア、有機米

原料供給メーカーと規格を決定
・規格、質の基準、生産方式についての確認・認定
・原材料メーカーが責任をもち品質保持に努める

原料の由来を把握
・CNS（中華民国国家標準）と里仁認定のあるもの
・ISO22000に合格したもの
・全ての原材料と成分・生産過程を記録

図5　原料調達のプロセス

出所）里仁での現地ヒアリング調査により作成（佐藤ほか，2020）。

第 5 章　台湾における多様な流通主体による有機食品のフードシステム形成と課題

原材料については、原料供給メーカーが品質管理に責任を持ちつつ、国やISO22000等の高レベルの基準に合格したものを採用する。

　加工食品は、契約する食品メーカーに委託し、メーカー製品とは別ラインで生産される。製品は、関連会社である福運物流股份有限公司が集荷し、大半を里仁の各店舗へ、一部を他のオーガニック専門小売店へ配送する。安全性チェックは、「食品の基準（原料料・添加物）」に依拠して、慈心に委託して行っている。慈心を選んでいるのは、チェックが最も厳格といわれているためである。費用は、毎年1,500万元（一つの食品につき１万5,000元×1,000アイテム）をすべて里仁が負担している。万が一、安全性が疑われた場合は、農産物と同様に、出荷・販売を一時中止し、調査を実施する（まだ契約先に対してペナルティや契約解除を与えたケースはない）。また２年に一度、契約する食品メーカーのための研修会を開催している。

(3) 食品メーカーとの共同開発プロセス

　ここで、食品メーカーとの代表的な三つの契約事例（里仁の担当者の説明による人気の高い加工食品）について検討する。

　一つ目は、台湾の大手製菓企業である宏亜食品との共同による「無添加70％ブラックチョコレート」（写真5）の研究開発事例である。バターや生クリームなどの動物性由来原料を一切使用しないチョコレート作りは、従来の製菓業界の難題であった。この難題克服には、①他製品の原料が残留しないよう、カカオオイルで生産ラインを徹底的に洗浄すること、②不飽和脂肪酸・乳化剤・香料・色素などの添加物を使用しないため、原料に対する基準をより厳格化することで対応した。その結果、技術レ

写真5　無添加チョコレート
出所）2024年3月筆者撮影。

75

ベルが向上し、他食品メーカー（鉅統、三叔公禮盒、豆之家、鴻福、豐稷など）のチョコレート原料のサプライヤーにも進化できた。

　二つ目は、台湾でドライフルーツ製造を専門とする豆之家と連携した「有機ドライパイナップル」の開発事例である。両社は、連携を契機に2千万元を生産ライン建設に投資し、有機農家から仕入れた果物で有機ドライパイナップルの製造を実現した。種から実になるまでは18ヶ月を要するため、ドライにするまではさらに手間がかかる（100kgのパイナップルをドライにすると9kgになる）。同時に、高雄茂林で蝶を保護するために、現地の青マンゴー農家にも有機栽培での生産を提案・交渉した。農家の青マンゴー収穫量は減少したが、ドライ製品化・販売することで、農業経営への負担をかけないでいる。

　三つ目は、もともとパイナップルケーキメーカーである鴻福が、里仁と連携することで、卵を一切使用しないパイナップルケーキを開発した事例である。鴻福は、卵の代わりに植物性原料を使用するためコスト増になったが、里仁の顧客の支持から無添加食品の製造を継続するとしている。2007年の巨大台風で、花蓮の無農薬栽培の文旦が落果してしまった。農家経営は大打撃を受けたが、パイナップルケーキの技術を応用して文旦ケーキを開発した。文旦ケーキは現在、中秋節の里仁のベストセラー製品になっている。このような物語性も、里仁の製品ブランドを支えていると言えよう。

　以上のように、里仁と契約メーカーとの共同による食品開発のプロセスは、図6で整理した。その内容は、以下のとおりである。①開発の契機（有機農

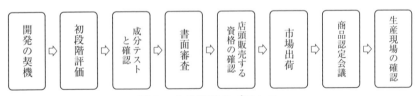

図6　食品開発のプロセス
出所）里仁での現地ヒアリング調査により作成（佐藤ほか，2020）。

産物販売の調節、日用品製造による環境破壊抑制、自然環境や貧困等のサポート、取引先・農家からの勧め、消費者からの勧め）→②初段階評価（国産かつ有機農産物の使用、環境に優しい製品の製造、思いやりと誠実さ、国の法律に則った製造）→③成分テストと確認（里仁の原則に沿った無添加・少添加製品の製造、官能評価と効果テストの実施、利便性の確認）→④書面審査（原料の安全性証明：農薬・重金属・微生物・毒物・二酸化硫黄の検査、原料の産地・原料の質、成分・製造過程、生産環境）→⑤店頭販売する資格の確認（毎年不定期での商品検査、毎年各メーカーが少なくとも1回の製造現場確認、3年に1回認定を振り出しに戻す、とくに一般的に多くの食品添加物が必要となるインスタント食品の不定期検査と微生物確認を繰り返し行うことの徹底）→⑥市場出荷→⑦商品認定会議→⑧生産現場の確認（原料と成分、生産過程の流れ、工場の衛生管理、作業員の衛生管理といった現場各所の確認の徹底）。なお、食品開発においては、基本的には、食品開発、商品管理、マーケティング、店舗管理の各担当者が出席し、検討及び商品化の決定等を行っている。

4. 台灣主婦聯盟生活消費合作社による事業展開とフードシステム形成

1）設立の目的と経緯

　台湾の100人ほどの主婦で結成された消費品質委員会は、1993年から台北・台中において、1995年頃からは台南を含めて、白米とブドウの共同購入の取り組みを行ってきた。当時、米の金属汚染、輸入ブドウの汚染がニュースで取り上げられたことで、消費品質委員会のメンバーが共同購入のために、台北で商品を集める理貨労働合作社を設置して、環境問題に配慮した健康的な緑色生活の提案を推進してきた。その後、安全な食べ物を入手するには安全な環境を作ることが重要との考え方から、公益と非営利を原則として、1990年代の活動をもとに2001年に台湾最大の生協組織である台湾主婦聯盟生活消

第2部　台湾における有機農業・農産物のフードシステムの動向と課題

費合作社を設立した。全国組織として消費者運動を展開しつつ、組合員や農家・加工業者との協働型商品開発を基礎とする有機・自然食品のフードチェーン構築を推進してきた[9]。共同購入での消費を通じて、「農場から食卓まで」の距離短縮の実現を図っている。合作社は協同組合と同義で、協同組合共通のニーズと生活意欲を持つ人々の組織を指す。

　生活消費合作社は、現在までの発展の経過を、①緑色消費の成長段階（1986 ～ 91年）、②緑色消費の発芽段階（1991 ～ 93年）、③共同購入の実践段階（1993 ～ 2001年）、④消費者協同組合の開発段階（2001年～現在）の四つに画期区分しており、現在は④の段階にある。経営理念は、環境資源の保全、地元農業の支援、共同購入の実践、緑色生活の実践、協同組合精神の促進・発揮である。

２）経営の概況と展開

　生活消費合作社は、北北分社（信義・松山・内湖・南港・汐止・基隆・大同・士林・北投・中山・淡水・石門・萬里・金山・三芝・八里・深坑・石碇・坪林・平溪・瑞芳・雙溪・貢寮）、北南分社（板橋・新莊・三重・中和・永和・土城・山峽・樹林・鶯歌・泰山・蘆洲・五股・林口・龜山・萬華・中正・大安・文山・新店・烏來・宜蘭・花蓮）、新竹分社（龜山を含まない大桃園各區・新竹・苗栗）、台中分社（彰化・南投・雲林）、台南分社（嘉義・台南・高雄・屏東・台東・綠島・蘭嶼・馬祖・金門・澎湖等離島）、以上の全国5分社・54店舗を展開する台湾最大規模の生協組織である。

　組合員として20歳以上であれば入会することができる。入会には身分証の提示と入会書の提出を行ったうえで、入会金360元が必要となる。手続き後は、翌月の中旬以降に総社（本部）から株とメンバーズカードが書留郵便で

（9）生活消費合作社では、農産物は主に有機認証を取得したもので対応しているが、加工食品は日本の生協や有機食品専門問屋と同様に（李，2020）、無添加の自然食品が大半を占める。そのためここでは、正確を期すために、「有機・自然食品のフードチェーン」と表記する。

送られ、届いたらすぐに商品購入が可能となる。出資金は一人当たり2,000元として、設備・労務、在庫管理、運転資金に用いられ、年会費にあたる毎年の出資金は月刊誌『緑主張』・週刊誌・会員出版物・リーフレット、組合員教育（ウェブサイト・講座・論壇・研修会・視察見学・読書会・活動参加）、地区の運営に活用される。

組合員数は、設立当時2001年は1,977人であったが、2020年では約78,000人（出資金を毎年支払うアクティブな組合員は約45,000人）となり、20年間で40倍成長した。組合員の多くは、主婦を中心に家庭生活に関心のある者である。54店舗全体の売上高は4億元である。組合員数は毎月200 〜 300人ずつ増えているが、2020年の売上高は前年と同程度であった。売上高が上がらなかった理由は、二つ考えられる。

第一に、有機・自然食品の販売経路の増加が挙げられる。里仁等の専門小売店のほかに、カルフール等の量販店、全聯福利中心・頂好・大潤發等のスーパーマーケット、セブンイレブンやファミリーマート等のコンビニエンスストアでもオーガニック系商品を販売しており、生活消費合作社よりも店舗数が多い。近年のオーガニックブームによる環境変化で、新たにこれらの流通体系とも競合することとなった。

第二に、インターネットで通販を行う農家・企業が出現したことが挙げられる。そのため、消費者は手軽に有機農産物・食品の購入機会を得ることができるようになり、生活消費合作社の理念に則った取扱商品との差別化が困難になりつつあるといえる。そのため、インターネット販売へ参入を始めようとしている。

3) 有機・自然食品のフードチェーン構築

生産から消費に至る独自のフードチェーン（図7）において、契約・商品評価・意見交換、店舗販売、共同購入を通じて、「環境保全」「健康」「安全性」を志向した900種類の商品を販売している。

第 2 部　台湾における有機農業・農産物のフードシステムの動向と課題

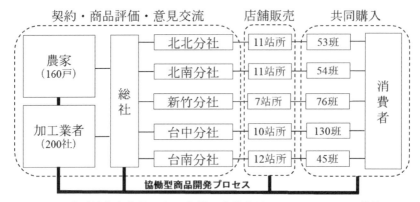

図 7　生活消費合作社による有機・自然食品のフードチェーン構築
出所）生活消費合作社での現地ヒアリング調査により作成（佐藤ほか，2021）。

（1）協働型商品開発プロセス

　契約農家は台湾各地に160戸、契約加工業者は主に台湾西部を中心として200社ある。契約する農家・加工業者を「合作生産者」（協力生産者）と呼んでいる。農産品の主要な保管拠点は台北・台中・台南に設置され、農家は自分で、あるいは配送業者に委託して農産品を拠点に届けている。

　主な取扱商品は、「生鮮日配品」（生鮮農産物）、「米麦五穀」（米・麦・雑穀）、「畜産海鮮」（肉・卵・牛乳・水産物）、「調理素材」（調理食材キット）、「飲料零食」（飲料・スナック菓子）、「烘焙食品」（ベーカリー）、「居家用品」（日用品）、「有機棉」（オーガニックコットン）の 8 分類である。農産品と加工品は、計1,500アイテムある。うち生鮮野菜が15.4％、生鮮果物が 7 ％となっており、加工品の内訳は、冷凍食品32.4％と冷蔵食品15.7％、その他食品・日用品29.4％である。

　いずれの商品も、「商品開発の基本原則」（表 1 ）に則ったものである。商品のすべては、生活消費合作社の特長として、組合員や農家・加工業者との協働で開発されたものである。生活消費合作社における協働型商品開発の主なプロセスは、次のとおりである。

第5章　台湾における多様な流通主体による有機食品のフードシステム形成と課題

表1　商品開発の基本原則

①生活必需品を提供すること
②高品質な緑色商品および公益性のある商品であること
③産地で収穫したばかりの鮮度の高いものであること
④緑色包材を選択すること
⑤品質を自己管理すること
⑥商品情報を公開すること
⑦会員が参加すること
⑧共同で開発すること
⑨共同で拒否すること

出所）生活消費合作社での現地ヒアリング調査により
　　　作成（佐藤ほか，2021）。

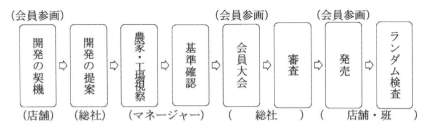

図8　協働型商品開発プロセス

出所）生活消費合作社での現地ヒアリング調査により作成（佐藤ほか，2021）。

　①各店舗において、農家による自ら生産した農産品の提案や、組合員による希望する商品の問い合わせを受け付ける。②各店舗は、集約した情報を、総社に対して共同開発案を提出する。③その際、これらの提案を、総社及び関連するマネージャーが話し合い、農家や加工工場を視察し、必要な商品基準を満たすことができるかどうかを確認する。④組合員大会を開催し、組合員から商品開発に対する意見を受け付ける。⑤生産できそうな場合、提案と審査段階に入る。⑥商品化され発売後も、組合員の権利を守るために不定期でランダム検査を行う。その後も組合員は、各店舗に意見をフィードバックすることができる（図8）。

　ここで、生活消費合作社で最も代表的な商品開発事例を三つ挙げておく。「無添加貢丸（ゴンワン）」（すり身肉団子）・「動物福利雞蛋（卵）」・「板豆腐」（非遺伝子組換え大豆使用）は、次の協働型開発プロセスを経て発売さ

れた。購入を希望する組合員からの意見受付→生活消費合作社のマネージャーが加工業者を訪問し無添加等で製造できるかを確認→製造できそうな場合は提案・審査プロセスを経て会員大会での意見受付→発売後は不定期のランダム検査を行う。

　農家・加工業者との関係に際しては、「誠実さと協力のパートナーシップ」、「オープンで透明性のある情報」、「適正価格での農産物・食品購入」、「問題の共同解決」を掲げ、とくに農家に対しては前払い制の導入や無利子ローン、生産が不安定な農家には緊急救援補助金を支給する仕組みを用意している。農家・加工業者は「商品開発の基本原則」に基づき、契約通りの数量で納入するが、もし農産品の生産量が天候等により大幅に増減した場合にも、できるだけ農家から仕入れるよう検討・努力している。これまでにも、例えば農家と3,000kgでの契約の際には、＋1,000kgの4,000kgでも、－1,000kgの2,000kgでも許容した。不足量は、後に農家が生産できた際に納入することで対応した。

　なお、無農薬である代わりに斑点や虫食いを許容するかどうかについては、「優れたもの」と「良質のもの」という二つの基準を設定し受け入れているが、現状では、斑点や虫食いがあっても仕入れており、仕入れ後さらに損耗が生じた場合は、食材としてレストランに配ったり、コンポストで堆肥化するために関係農家に提供したり、フードバンクを利用して問題を解決している。

（2）農産品・加工食品の試験評価

　農産品・加工食品の試験評価は、経営の公平性担保とコストの関係から、外部の第三者機関に外注している。製品分類によって検査機関を異にする。検査機関は、全國公證（全國公證檢驗股份有限公司）、振泰檢驗（振泰檢驗科技股份有限公司）、台美檢驗（台美檢驗科技有限公司）、食工所（財團法人食品工業發展研究所）、中央畜産會（財團法人中央畜産會）、國立清華大學（新竹市）、騰德姆斯（騰德姆斯技術顧問股份有限公司）、瑠公（財團法人台

第5章　台湾における多様な流通主体による有機食品のフードシステム形成と課題

表2　農産品・加工食品等の検査機関

製　品	検　査　機　関
米麺製品	全國公證、振泰檢驗、台美檢驗、食工所
五穀類	全國公證、台美檢驗、食工所、騰德姆斯、瑠公
蔬果類	瑠公
水果	瑠公
農産加工	全國公證、振泰檢驗、台美檢驗、食工所、瑠公
烘焙食品	台美檢驗、全國公證
乳品	振泰檢驗
乳品類	振泰檢驗、台美檢驗、食工所
蛋品	台美檢驗、中央畜産會、騰德姆斯
雛料類	全國公證、台美檢驗、中央畜産會、瑠公
肉品	台美檢驗、中央畜産會
肉品類	全國公證、台美檢驗、中央畜産會
水産類	全國公證、振泰檢驗、台美檢驗、中央畜産會、國立清華大學、食工所
零食類	全國公證、振泰檢驗、台美檢驗、食工所
保健食品	台美檢驗、振泰檢驗
油調味料	全國公證、台美檢驗、中央畜産會、食工所、瑠公
飲料類	全國公證、台美檢驗
酒類	台美檢驗
紡織品類	全國公證
居家生活	台美檢驗

出所）台灣主婦聯盟生活消費合作社「檢驗室報告 産品檢驗結果」をもとに抽出作成（佐藤ほか，2021）。

北市瑠公農業産銷基金會）であり、検査内容に合わせて選択している（表2）。

(3) 店舗販売

　店舗は、平日は9:00（午前）から20:00（午後）まで、土曜は9:00（午前）から18:00（午後）まで営業し、日曜を定休としている。競合する他の専門小売店や量販店、スーパーマーケット、コンビニエンスストアは日曜も営業していることから、平日に焦点を当てた販売戦略に注力することが重要であり、この点が今後も課題となる。

　台中10店舗の売上高合計は、2010年は900万元／月であったが、2020年には2,200万元／月となり、10年間で2.4倍成長している。台中市内A店舗では、

83

第2部　台湾における有機農業・農産物のフードシステムの動向と課題

毎月160～170万元を売り上げているが、家賃が高いため駐車スペースが小さい等の課題もある。

　生鮮農産物の販売の際には、4段階のラベルを用いて商品特性を説明している。生活消費合作社の自主管理による生鮮農産物の等級標示である（図9）。米・野菜・果物はすべて地元産である。売上高のうち店舗販売が95％を占め、残りの5％は班での共同購入である。生鮮野菜・果

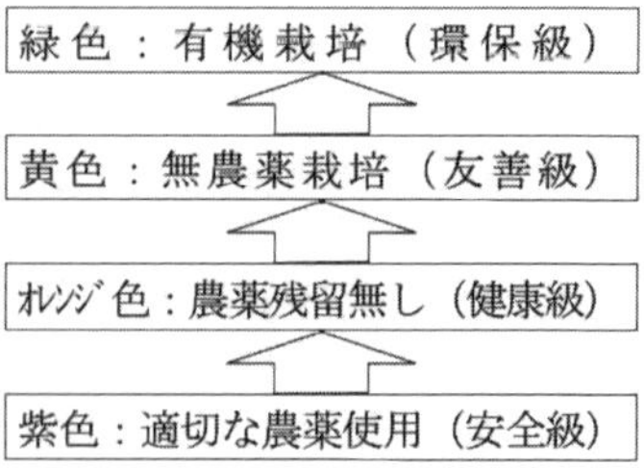

図9　生鮮農産物の等級標示

出所）生活消費合作社での現地ヒアリング調査により作成（佐藤ほか，2021）。

物は、緑色（80％）、黄色（20％）でオーガニックの割合を示している。米は、レベルをつけてはいない。契約するときは、緑色から検討する。農地・水の検査も条件となる。加工食品は、種類によりさまざまな検査がある。食品添加物の少ないものを採用し、魚は金属検査が必要である。台湾の法律でクリアするものは数百種類あるが、生活消費合作社ではそのうち7％しか許可していない。

（4）共同購入

　取扱商品は、店舗販売と同様である。生活消費合作社では、班別で共同購入を行えるシステムを構築しており、3人以上最大50人の組合員で一つの班を申請できる。班では、指定の場所で商品をまとめて受け取ることができ、その際には毎回2,000元以上の注文を条件としている。全国には、300超の班があり、最も班の多い地域は台中（130班）である。個人宅配も毎回2,000元以上の注文で、各家庭の住宅の玄関まで商品を届けている。

84

5．おわりに

　台湾最大のオーガニック専門小売店である里仁事業股份有限公司は、生産者と消費者を結びつけ、消費者に有機農産物・食品の購入機会を提供するのに大きな役割を果たしていると言える。農産物については、㈶慈心有機農業發展基金會が有機農業生産・技術指導を担いつつ、里仁がオーガニックを尊重する事業理念・目的の実現に向けてサプライチェーン構築を推進している。加工食品については、里仁が食品メーカーに働きかけることで、独自の開発プロセスに則って、新たな有機加工食品の開発機会を促進・普及するとともに、サプライチェーン構築を推進している。同時に、里仁は、農家・食品メーカーとの意見交換会を定期的に開催しており、積極的にコミュニケーション及び関与の深化に努めている(10)。以上から、里仁が販売だけではなく、生産から加工・流通を含めて組織化することで有機食品のフードシステム形成に大きな役割を果たしていると言える。

　小売主導型農産物・食品のサプライチェーンをめぐる論点として、木立(2009) は、「協働を基礎とする小売主導型食品サプライチェーン構築のための具体的ポイント」として、①小売業者の画一的なチェーン・オペレーションの見直しとフォーディズムからの脱却、②付加価値ないし価値創造にかかわる目標のサプライチェーン組織間での共有、③サプライチェーンが真の消費者利益を実現するための供給の多様性・持続性の確保及び公正・正義の原則に則った取引契約の定式化によるシステム・デザインの策定を挙げている

---

(10) 木立（2009）の指摘は、本事例において達成されつつあると考えられる。「信頼の重要性は、食品サプライチェーンが、ミニマム・スタンダードである安全・安心を確保するためにも、IT活用によるトレーサビリティや履歴管理以前に、情報自体の信憑性をいかに確保するかが問われるからである。（中略）単なる商品取引を超えて、その背後にある生産や流通のあり方について組織間で合意するための密接なコミュニケーションを媒介に多層的な信頼関係を構築することが欠かせない」（p.42）。

第 2 部　台湾における有機農業・農産物のフードシステムの動向と課題

（p.42）。里仁は、いずれの点もクリアしていると判断される。

　台湾の場合は日本よりも有機農産物における量販店等一般流通の役割は大きいが、ヨーロッパに比べればその水準は低く、運動的性格や生産者と消費者の関係性を持つ流通のウエートは加工食品を含めると依然として大きい。その中で、里仁はオーガニック・サプライチェーンの構築において中心的な役割を果たしていると言える。

　ただし、農産物については有機かつ国産でほぼ対応できているが、加工食品については、価格等の理由から、有機の割合は多くなく、減食品添加物のレベルにとどまっているケースが多い。また、米・野菜・茶を用いた加工食品は別として、豆腐・豆乳・素食等の大豆加工食品等は、原料の大半が米国等諸外国からの輸入に依存している。これらの点の改善が、今後の台湾のオーガニック・サプライチェーン構築をさらに推進する上での大きな課題の一つと言える。

　台湾最大の生協組織である台灣主婦聯盟生活消費合作社では、組合員の共同購入システムの構築及び地域の店舗設立に注力するとともに、台湾全土で分社・店舗・班をフードチェーンとして組織化し、消費者と農家・加工業者との間の社会的距離の短縮を推進していた。既述の木立（2009）が掲げた協働を基礎とする小売主導型農産物・食品のチェーン構築の具体的ポイントを、全てクリアしているということができよう。すなわち、ポイントの①には生産・仕入れ・商品開発・販売を通じての一連の事業内容が、②には商品開発の基本原則と協働型商品開発プロセス構築が、③には有機・自然食品のフードチェーン構築がそれぞれ対応していると言える。

　農産品・加工食品の商品開発は、「商品開発の基本原則」に基づき、組合員や農家・加工業者との協働で行っていた。この協働型商品開発プロセスは、大山ほか（2016）が指摘する「オーガナイズド・コンシューマー」の参画を踏まえて実現している。同時に、辻村（2013）が明らかにした生協の産消提携による商品開発プロセスと基本的には類似のプロセスを構築していると評価できる。ただし、販売商品の試験評価は外部の第三者機関が行い、店舗・

86

第5章　台湾における多様な流通主体による有機食品のフードシステム形成と課題

班別の共同購入ではオーガニック比率表示として「生鮮農産物の等級標示」を示して地元産の米・野菜・果物を販売していた。加工食品は等級標示を設けてはいないが、食品添加物等に対する厳しい検査を通過したものを販売していた。これらのプロセスには、独自性があると言える。

　以上のとおり、生活消費合作社における現段階の有機・自然食品のフードチェーン構築の実態は、小川・酒井編（2007）が指摘する「クローズド・マーケット」に準拠して推進されていると言うことができる。ただし、オープンなオーガニック市場の形成・拡大が進む中で、生活消費合作社では組合員・取扱量がやや頭打ちであることや共同購入方式の割合が後退している現状があることを指摘しておきたい。日本の生協の展開過程と類似の傾向とも言えるが、別途引き続き検証が必要である。

　こうした競争環境の中での大きな課題は、新規組合員の獲得である。その方策として、新たにウェブでの加入申込を可能にした。従来は加入前に対面研修に参加する必要があったが、これをオンデマンド動画説明で代替できるようにした。同時に、オンライン決済による商品購入システムを導入した。本論でみてきたように、現段階の協働型商品開発プロセスは地域密着型での店舗販売・共同購入方式を前提としてきた。IT化・デジタル化の推進により、広範な新規加入組合員の組織化・ネットワーク化が図られることで、今後の協働型商品開発プロセスはどのように適応すればよいのか。この点が、今後の生活消費合作社の重要課題になると考えられる。

　付記：本章は、佐藤奨平・川手督也・李裕敬・楊上禾（2020）「台湾のオーガニック・サプライチェーン構築における専門小売店の役割と課題—里仁事業股份有限公司を事例として—」『フードシステム研究』第26巻4号，pp.331-336及び佐藤奨平・川手督也・李裕敬・楊上禾（2021）「台湾有機・自然食品のフードチェーン構築における生協の協働型商品開発の特質と課題—台灣主婦聯盟生活消費合作社を事例として—」『フードシステム研究』第27巻4号，pp.304-309を基礎とし、大幅な加筆を行った（日本フードシステ

87

第 2 部　台湾における有機農業・農産物のフードシステムの動向と課題

ム学会・2024年 9 月15日許諾）。

引用・参考文献

木立真直（2009）「小売主導型食品流通の進化とサプライチェーンの現段階」『フードシステム研究』第16巻 2 号，pp.31-44。

李哉泫（2020）「有機加工食品の市場及びサプライチェーンの構造と特徴─有機食品専門問屋のケーススタディより─」『フードシステム研究』第27巻 2 号，pp.37-47。

日本貿易振興機構（2011）『台湾におけるサービス産業基礎調査』pp.1-69。

桝潟俊子・高橋巌・酒井徹（2019）「持続可能な農と食をつなぐ仕組み」澤登早苗・小松崎将一編，日本有機農業学会監修『有機農業大全』コモンズ，pp.138-163。

小川孔輔・酒井理編（2007）『有機農産物の流通とマーケティング』農山漁村文化協会。

大山利男・シェア＝ブルクハード・ハム＝ウーリッヒ・酒井徹・鷹取泰子・谷口葉子（2016）「有機食品市場の展開と消費者─EUと日本の動向から─」『立教経済学研究』第70巻第 1 号，pp.103-146。

酒井徹（2015）「日本における有機農産物市場の変遷と消費者の位置づけ」『国際シンポジウム「有機食品市場の展開と消費者─EUと日本の動向から─」資料集』pp.53-55。

辻村英之（2013）『農業を買い支える仕組み─フェア・トレードと産消提携─』太田出版。

蔦谷栄一（2000）「台湾における有機農業、減農薬・減化学肥料栽培の取組実態─環境負荷軽減を基本とした地道な展開─」『農林金融』第53巻第11号，pp.42-62。

佐藤奨平・川手督也・楊上禾（2017）「台湾における日本産農産物・食品の高品質ブランド化戦略─裕毛屋企業股份有限公司を事例として─」『フードシステム研究』第24巻 3 号，pp.305-308。

佐藤奨平・川手督也・李裕敬・楊上禾（2021）「台湾有機・自然食品のフードチェーン構築における生協の協働型商品開発の特質と課題─台灣主婦聯盟生活消費合作社を事例として─」『フードシステム研究』第27巻 4 号，pp.304-309。

佐藤奨平・川手督也・李裕敬・楊上禾（2020）「台湾のオーガニック・サプライチェーン構築における専門小売店の役割と課題─里仁事業股份有限公司を事例として─」『フードシステム研究』第26巻 4 号，pp.331-336。

佐藤奨平・川手督也・李裕敬・楊上禾（2022）「台湾有機食品メーカーのマーケティング戦略にみる特徴と示唆─味榮食品工業股份有限公司を事例として─」『フードシステム研究』第28巻 4 号，pp.280-285。

第5章　台湾における多様な流通主体による有機食品のフードシステム形成と課題

Shang-Ho Yang, Tokuya Kawate, Shohei Sato (2019) "The Development of Organic Agriculture and Food Products in Taiwan," Bulletin of the Department of Food Business, Nihon University, 47, pp.55-73.

Wu, P., & Anderson-Spreche, A. (2017) "Growing Demand for Organics in Taiwan Stifled by Unique Regulatory Barriers." Global Agricultural Information Network.

Willer, H., & Lernoud, J. (2017) FiBL Survey on Organic Agriculture Worldwide-Metadata. In The World of Organic Agriculture-Statistics and Emerging Trends 2017, 296-306: Research Institute of Organic Agriculture (FiBL) and IFOAM-Organics International.

第6章　台湾における有機食品メーカーの
マーケティング戦略とイノベーション

佐藤　奨平[*]・川手　督也[*]・李　裕敬[*]・楊　上禾[**]

*日本大学生物資源科学部・**国立中興大学生物産業管理研究所

Shohei SATO, Tokuya KAWATE, Youkyung LEE, Shang-Ho YANG

* College of Bioresource Sciences, Nihon University

** Graduate Institute of Bio-Industry Management, National Chung Hsing University

1．はじめに

　近年、台湾における有機農産物・有機食品のフードシステムは大きく成長している。台湾における有機農家数（戸）は、品目別にみると、2004年に対し2020年の16年間では、米106％（507→541）、蔬菜692％（267→1,849）、果樹885％（92→814）、茶葉530％（56→297）、その他1,987％（31→616）の増加を示している[1]。有機農業面積（ha）も同様に、米442％（743.67→3,289.18）、蔬菜1,447％（231.80→3,355.61）、果樹1,123％（153.62→1,725.78）、茶葉539％（76.32→411.66）、その他4,935％（40.67→2007.13）と大幅に増加している[2]。

　この背景には、近年台湾で高まる食の安全・安心・健康・自然志向とともに、有機農業振興諸施策の活発化が関係している。同時に、有機農産物及び有機食品のマーケットの拡大が作用している（Yang et al., 2019）。2019年にはオーガニックをめぐる機運の高まりが実を結び、正式に有機農業促進法が施行されることとなった。

（1）國立宜蘭大學（2021）のデータを参照。なお、2015年以降、稲作農家の計算方法が変更され、複数農家で生産グループを形成していても1戸としてカウントされる。ちなみに2015年に対し2020年の稲作農家戸数は225％（240→541）増である。
（2）同上のデータを参照。

第6章　台湾における有機食品メーカーのマーケティング戦略とイノベーション

　有機農産物・有機食品の流通チャネルの実際をみると、現段階ではスーパーマーケット、量販店、コンビニエンスストアなどで有機農産物を購入できるようになったが、オーガニック・フードシステム形成を推進してきた自然食品の専門店（佐藤・川手・李・楊，2020）や生協（佐藤・川手・李・楊，2021）であっても、加工食品は多くの場合「無添加食品」にとどまっている。オーガニック・フードシステム構築は、小川・酒井編（2007）や李（2020）が指摘するように、これまでは「クローズド・マーケット」を中心に推進されてきており、量的拡大のためには「オープン・マーケット」の形成が課題とされてきた。

　しかし、本章で取り上げる有機食品メーカーの味榮食品工業股份有限公司の事業展開をみると、当初から「クローズド・マーケット」のみならず、「オープン・マーケット」を志向しており、近年の社会的要請に対応を図っているといえる。その際、効果的なマーケティング戦略づくりとその実行に資する情報が必要となるが、同社では、P.コトラー（1996）の指摘する「コミュニケーションとプロモーション・ミックス戦略」のうち、「人的コミュニケーション・チャネル」を重視している。すなわち「人的な影響は、製品が高価で不安を伴い購入頻度の少ないとき、そして人々の評判など社会的性格を持つ製品の場合には、特に強くなる」（p.529）というものである。マーケティング戦略やその実行プロセスの分析にあたっては、マーケティング・ミックスとイノベーションの関係性及びプロセスの吟味が有用な手段となる。現代経営学及び組織論の既往研究では、現代のイノベーションは、一個人や一組織で完結するのではなく、外部企業や個人間でのコミュニケーションや相互作用によって創出され、そのためには付加価値の「場」の形成が重要であることが明らかになっている（山口，2010：p.247）。これを踏まえて津谷・稲本（2011）は、食品加工等を含めての農業経営のイノベーション研究に援用し、長期的な価値創造戦略の理論的枠組みである「イノベーション・プロセス論」を提唱したが、津谷・稲本は、農業だけではなく、「経営」においては技術蓄積やコア・コンピタンスが重要であるとも指摘している。

91

第 2 部　台湾における有機農業・農産物のフードシステムの動向と課題

写真 1　味榮食品工業股份有限公司

出所）2024 年 3 月筆者撮影。

　台湾の有機農業・食品に関連する先行研究をみると、有機農業の生産動向とその要因等については蔦谷（2000）やYang et al.（2019）、Takagi et al.（2019）等で分析されているが、有機食品をめぐる問題については、台湾のオーガニック・サプライチェーン構築における専門小売店の役割と課題を論じた佐藤ら（2020）を除き、研究蓄積が乏しい。

　以上から本章では、マーケティング・ミックス及びイノベーション・プロセス論を援用しつつ、台湾有機食品メーカーのマーケティング戦略にみる特徴と示唆の解明を試みる。

　本章では、台湾の有力食品メーカーの一つである味榮食品工業股份有限公司（写真 1）を対象としたケーススタディに基づき、分析・考察を行う。具体的には同社のマーケティング責任者に対して、有機食品開発と経営展開を内容とする現地ヒアリング調査（2019年1月、2020年1月）及び現地追加ヒ

アリング調査（2021年6月）の結果に依拠して試みる。台湾においては、有機食品メーカーの経営実態を確認できる統計・情報等が限られているため、ケーススタディによるモノグラフの蓄積が求められる。非上場で有価証券報告書がないため、経営情報・指標をヒアリングで収集することとした。

その上で、同社の有機食品に関する事業展開について、有機食品の加工・販売事業の導入の経緯と経過を整理したのち、マーケティング・ミックス（4P）によりマーケティング戦略を把握し、マーケティング・ミックスとイノベーションの関係性及びプロセスの吟味のため、山口（2010）、さらには津谷・稲本（2011）の示す「イノベーション・プロセス論」の枠組みをもとに考察を試みる。

同社は、味噌製造では国内2位の売上高を誇り、台湾で2000年から他社に先駆けて有機食品を製造・販売するパイオニア的企業であるとともに、製品開発を含むマーケティング戦略と実行に際して、イノベーションの関係性及びプロセス、さらには技術蓄積やコア・コンピタンスを重視する企業であることから、本章の主題の解明に向けてのケーススタディとして適していると考えられる。

2．事例における有機食品加工・販売事業の経過と実績

1）加工・販売事業の導入の経緯と経過

味榮食品工業は、日本統治下の1945年、台中市において味噌・醤油メーカーとして創業した。現在は台中市・高雄市の事業所のほか、台中市に工場を有し、従業員80名が勤務する。さらに2つの子会社（ソース製造、即席食品製造）を有する。

主な製品は、味噌、醤油、酢等の調味料のほか、豆乳、瓶詰、即席麺、菓子等である。同社は「世界的な無添加の有機食品のエキスパートになる」を企業使命に、「誠心経営」「伝統継続」「革新発展」を企業価値に掲げる。企業ビジョンには、「台湾でNo.1味噌ブランドになる」を明示している。

第2部　台湾における有機農業・農産物のフードシステムの動向と課題

　2000年頃の台湾で流通する有機食品は輸入品のみであり、それまで国内での製造事例はなかった。当時、同社の製品は台中市の工場でしか生産しておらず、市外の消費者にはあまり知られていなかった。将来の経営を考えると、台中市の展開だけでは成長できないと考えていた。

　当時はまた、風味・品質における輸入品との差別化の可能性を追求するほか、海外製品との比較の中で消費者ニーズに配慮した小さい包装のコンシューマーパックや国内消費者の安全性への関与の高まりへの対応が求められる中、消費者ニーズに合わせたものを開発・販売する必要性を認識していた。さらに、多くの台湾人が日本産農産物を購入し始めたことも、高まる食の安全・安心・健康・自然志向の現れとして把握していた。最終的には、日本で開催される国際食品・飲料展示会であるFOODEX JAPANで有機食品を視察したことが、有機食品カテゴリーで開発・製造する契機となった。新たな消費者ニーズに対応し、台湾の消費者に安全で良質な商品を提供することを決めた。同時に低価格志向の台湾の食品消費傾向を変えることも、持続的な経営戦略上の目標となった。

２）味榮食品工業のマーケティング戦略

　表1では、味榮食品工業における有機食品のマーケティング・ミックスを整理した。

　製品戦略（Product）については、次の通りである。創業以来の長い歴史に製品の顧客価値を見出しつつ、誠信（Honest）、健康（Health）、安心（Safe）、追跡可能性を意味する可溯源（Traceable）をコンセプトとしている。これを踏まえ、有機食品開発の方針には「自然」「無化学」「有機」を掲げる。すべての有機食品にはサポート体制に定評がある有機認証「采園（ECO garden）」（采園生態驗證有限公司）を取得している。2015年から有機食品開発・製造・販売プロセス全体に取り組む専任スタッフを配置した。現在では主に有機農業促進法等の法令確認、プロセス監視、新製品確認、有機証明書申請、原材料供給確認を行っている。これらの業務は、それまで品

94

第6章　台湾における有機食品メーカーのマーケティング戦略とイノベーション

表1　有機食品のマーケティング・ミックス

製品 （Product）	・有機食品（味噌・醤油・豆乳・酢） 　※台湾で唯一有機味噌・有機醤油を製造 ・コンセプトは，誠信（Honest），健康（Health）， 　安心（Safe），可溯源（Traceable）
価格 （Price）	・非有機食品よりも約50％高めの価格設定
流通 （Place）	・スーパーマーケット，オーガニック専門店，学校給 　食関連等（60％……2019年の売上構成比，以下同） ・シンガポール，マレーシア等への輸出（22.5％） ・行政主催の食品展示会とコンテスト（8.5％） ・ウェブサイト及び工場見学関連（8％） ・中興大FM（1％）
販売促進 （Promotion）	・中興大FM等のダイレクト・コミュニケーション ・商品を取り扱っているスーパーマーケット， 　オーガニック専門店でのPR・連携強化 ・食品展示会やコンテストへの積極的な参加

出所）現地ヒアリング調査に基づき作成（佐藤ほか，2022）。

質管理部門が担当していた。同時に、品質確保に関する専門委員会を社内に設置することとした。製品の違反や間違いに関連する潜在的な問題を定期的に追跡するためである。主な原料は、台湾産の有機米（8割が台湾最大の食品企業である台湾糖業公司よりの仕入れ）、米国産・カナダ産の非遺伝子組換え有機大豆（緑昇貿易行銷有限公司・立圃産業有限公司よりの仕入れ）、塩（台塩実業公司よりの仕入れ）である。

　価格戦略（Price）については、非有機食品よりも約50％高めの価格設定で販売し、高付加価値型製品としての特性が反映されている。

　流通戦略（Place）については、スーパーマーケット、オーガニック専門店、学校給食関連等を中心に、多様な販売チャネルを用意している。国内の消費者は、オーガニックに高い関心をもつ中間層である。2019年の売上構成比でみた主な販売チャネルは、専門店・スーパーマーケット・学校給食工場等（60％）、シンガポール・マレーシア・北米への輸出（22.5％）、行政主催の食品展示会・食品コンテスト（8.5％）、ウェブサイト・自社観光工場（8％）、毎週土曜開催の國立中興大學オーガニック・ファーマーズマーケッ

第2部　台湾における有機農業・農産物のフードシステムの動向と課題

写真2　國立中興大學オーガニック・ファーマーズマーケットでの販売
出所）2020年1月筆者撮影。

ト（1％）である。中長期的な事業計画においても、2019年に示した売上構成比に基づく成長を目指している。

　販売促進戦略（Promotion）については、中興大オーガニック・ファーマーズマーケット（写真2）をはじめとして、行政主催の食品展示会・食品コンテスト、さらに自社の工場見学等を通じてのダイレクトなコミュニケーションの機会がある。販売チャネル別の売上構成のうち約2割のダイレクトなコミュニケーションが、マーケティング戦略上の重要な機会となっている。人的コミュニケーション・チャネル（P.コトラー，1996：p.529）を採用しているとともに、顧客志向マーケティングとしてのコミュニケーション戦略を重視している（Kotler and Keller, 2012：pp.19-20）と言える。

　有機食品の製造は、非有機である一般食品の生産ラインとは別に設定している。製品構成は、有機食品が約40％、一般食品が約60％である。有機食品

カテゴリーでは、有機味噌、有機醤油、有機豆乳、有機料理酢を開発している。

2000年から開始した有機味噌は、40〜50種類ある味噌製品のうち半数を占め、現在では有機食品の売上高の45％を占めるまでに成長した。2005年から開始した有機醤油も、現在では有機食品カテゴリーの45％を占めている。2010年から開始した有機豆乳は現在５％、2016年から開始した有機料理酢（2018年からは有機リンゴ酢も含む）は現在５％となっている。このように、味榮食品工業では約５年おきに新製品開発を試み、有機食品カテゴリーの幅を広げつつ、売上高を伸ばしてきたといえる。

同社では、経営戦略として売上構成比で僅か１％の中興大オーガニック・ファーマーズマーケットでの出店を重視していた。売上は僅かであるものの、目の肥えた消費者との顔の見える関係構築が可能となり、食卓に届ける有機食品の価値理解を促すとともに、消費者ニーズを的確に把握できる機会としてメリットが大きいと捉えていることが明らかになった。台湾の先駆的な有機食品メーカーの経営行動として独自性がある。

なお2020年から2021年においては、新型コロナウイルス感染症の影響で、中興大オーガニック・ファーマーズマーケットの営業が中止となった。そのため、これまで重視してきたダイレクト・コミュニケーションの機会が一時的に失われた。同社にはアフター・コロナを見据えた対応が求められ、新たな環境変化やライフスタイルの変化への対応として、ダイレクト・コミュニケーションの強化が今後の経営課題として挙げられる。

３）戦略実行におけるイノベーション・プロセス

表２で示したように、味榮食品工業にみる有機食品のイノベーションは、J.A.シュムペーターのイノベーション５類型（Schumpeter, 1926：pp.100-101）にしたがえば、以下のとおり説明することができる。

すなわち、①新しい財貨（新製品開発）については、的確な消費者ニーズの把握と有機食品の製品改良・新製品開発の実現を挙げることができる。②

第2部　台湾における有機農業・農産物のフードシステムの動向と課題

表2　有機食品のイノベーション

新製品開発	・有機食品の製品改良・新製品開発 （マーケティングチャネルを介して消費者ニーズを把握、中興大FMで消費者から受け取る多くの製品アイデア）
新製法開発	・独自加工技術の新製品開発への応用 ・新成分に対応した新加工技術の研究開発
新販路開拓	・営業活動による販路開拓 （スーパーマーケット，オーガニック専門店，学校給食工場，ウェブサイト，工場見学，食品展示会，行政主催の食品コンテスト，中興大FM，シンガポール・マレーシアへの輸出）
新原料獲得	・国産有機原料の調達 （他社からOEMの製造・加工依頼を含む）
新組織実現	・有機食品の開発・製造・販売プロセスに対応した部門の新設と専任スタッフの配置

出所）現地ヒアリング調査に基づき作成（佐藤ほか，2022）。

新しい生産方法（新製法開発）については、有機食品の独自加工技術による新製品開発への応用が対応している。③新しい販路の開拓（新販路開拓）は、積極的な営業活動で実現している。④原料あるいは半製品の新しい供給源の獲得（新原料獲得）については、輸入原料のほかに国産の有機原料をも見出したことでいえる。⑤新しい組織の実現（新組織実現）については、有機食品の開発・製造・販売プロセスに対応した部門の新設と専任スタッフの配置が、台湾唯一の有機味噌・有機醬油メーカーとしての地位の確立に寄与したことを挙げることができる。

　以上のように、味榮食品工業では、マーケティング・ミックス（表1）とイノベーション（表2）を通じて、有機食品カテゴリーを拡大してきたということができる。

　しかしながら、これまでのイノベーション・プロセス論に関する代表的な議論（山口，2010：津谷・稲本，2011等）をみると、「開発（イニシャル・イノベーション）」→「改善（小さなイノベーション）」→「確立（経営）」

第6章　台湾における有機食品メーカーのマーケティング戦略とイノベーション

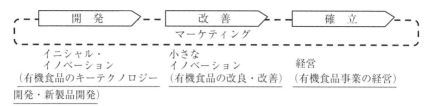

図1　有機食品のイノベーション・プロセス

出所）津谷・稲本（2011）p.5「図序-1 イノベーションのスパイラル」をもとに改図（佐藤ほか，2022）。
注：マーケティングの枠組みを新たに導入した。

の三段階で説明されてきた。しかし、味榮食品工業にみる有機食品開発と経営展開は、図1の図式に当てはめることができる。

　すなわち、2000年から開始した有機食品のキーテクノロジー開発と新製品開発をベースに、その後も約5年おきに新製品開発を継続してきた。その間、新製品開発と改良・改善を進め、有機食品カテゴリーの拡大及び売上高の成長を図ることにより、有機食品事業としての経営を確立したといえる。ここで重要になるのが、マーケティング戦略、特に中興大オーガニック・ファーマーズマーケットをはじめとするダイレクト・コミュニケーションの機会である。プロモーションを行うのと同時に、消費者ニーズを的確に捉え、開発・改善につなげていることが明らかになった。

　P.コトラー（1996）は、マーケティング・コミュニケーション・ミックスとして、「広告」「販売促進」「パブリック・リレーション」「人的販売」の四つのツールを挙げている（p.520）。なかでも「人的販売」には、①人間の直接的かつ相互作業的関係を含み、相手の性格やニーズを間近に観察し即座に対応できる「人的接触性」、②売り買いの関係から友情に至るまでの多様な人間関係が含まれ、有能な販売担当者は顧客の長期的利益を心にとめて行動する「関係育成性」、③広告とは異なり、買い手を販売員の話に耳を傾けさせる「高反応性」の三つの性質がある（同pp.534-535）。

　これを味榮食品工業の重視するダイレクト・コミュニケーションの機会をもとに検討すると、①・②・③のいずれにも対応していると評価できる。毎

週土曜開催の中興大オーガニック・ファーマーズマーケットの販売ブースでは、味榮食品工業のマーケティング責任者が販売担当者として参加している。人的接触性を重視することで顧客の特性・ニーズを把握し、顔の見える関係構築が可能になる。顧客との関係育成を進めることにより、長期的なリレーションシップが実現される。

4) マーケティング戦略の実行がもたらした成果

　味榮食品工業の2019年における年間売上高は1億7,000万元（うち輸出向け売上高は約20％）であり、売上構成は有機食品30％・一般食品70％となっている。2000年は有機食品5％・一般食品95％であった。有機食品は5年おきに概ね5ポイント増で成長し、逆に一般食品は5年おきに5ポイント減で推移したということができる。有機食品は経営目標の達成に向けて、順調に売上高を伸ばしてきたといえる。同時に、台湾唯一の有機味噌・有機醤油メーカーとしての地位を確立した。

　以上のことは、味榮食品工業の的確なマーケティング戦略とそれに対応したイノベーションの成果と言える。有機食品はマーケットが拡大しつつあるとはいえ、オープン・マーケットにおいてマーケティングとイノベーションのサイクルが活発である非有機食品と比較すると、新製品の開発や事業化等の余地が大きいといえる。味榮食品工業の事例では、非有機食品と異なる製品特性に配慮したマーケティング戦略の重要性が明らかになった。同時に、イノベーションの成果を積み重ねていく事業展開が、有機食品カテゴリーの増大と事業規模の拡大、さらには有機食品メーカーとしての地位の確立につながったということができる。

3．おわりに

　本章では、味榮食品工業のケーススタディに基づき、マーケティング・ミックス及びイノベーション・プロセス論の援用によって、有機食品メー

第 6 章　台湾における有機食品メーカーのマーケティング戦略とイノベーション

カーのマーケティング戦略にみる特徴と示唆の解明を試みた。その結果、対象事例が、台湾における有機農産物・有機食品に対する消費者ニーズの高まりに伴うオーガニック・マーケットの拡大に効果的にアクセスし、有機食品カテゴリーの増大と事業規模の拡大、さらには有機食品メーカーとしての地位を確立したことが明らかになった。

その貢献要素を探れば、マーケティング戦略においては、第一には基本的なコンセプトに対応した具体的な製品戦略が的確であったことが挙げられる。第二にマーケティング戦略のプロモーション戦略においては中興大オーガニック・ファーマーズマーケットでの消費者とのダイレクト・コミュニケーションの機会が有効な手段であったことが挙げられる。第三にはマーケティング戦略に対応したイノベーションのあり方が的確であったことが挙げられる。

本章における分析結果は、今後、有機食品の開発・製造・販売に取り組んでいる企業、またはそれに関心を持っている企業に有益な示唆を与えるものである。特に有機食品についてはイノベーションが不可欠であると同時に、非有機食品と異なる有機食品の製品特性に配慮したマーケティング戦略が必要であることが示唆されたといえる。

なお、本章で得られた知見の検証のため、さらなるケーススタディの積み重ねが求められる。また、マーケティング戦略とイノベーションとの関係性の把握が十分ではないため、マーケティング・ミックスとイノベーション・プロセス論を統合した枠組みの構築が課題といえる。

付記：本章は、佐藤奨平・川手督也・李裕敬・楊上禾（2022）「台湾有機食品メーカーのマーケティング戦略にみる特徴と示唆―味榮食品工業股份有限公司を事例として―」『フードシステム研究』第28巻 4 号，pp.280-285を基礎とし、大幅な加筆を行った（日本フードシステム学会・2024年 9 月15日許諾）。

101

引用・参考文献

國立宜蘭大學（2021）有機農業生産資訊平台，http://oapi.niu.edu.tw（2021年5月1日参照）。

P.コトラー（1996）『マーケティング・マネジメント（第7版）』小坂恕・疋田聡・三村優美子訳，プレジデント社。

Kotler, P. & K. Keller（2012）Marketing Management, London, UK: Pearson Education.

李哉泫（2020）「有機加工食品の市場及びサプライチェーンの構造と特徴―有機食品専門問屋のケーススタディより―」『フードシステム研究』第27巻2号，pp.37-47。https://doi.org/10.5874/jfsr.27.2_37.

小川孔輔・酒井理編（2007）『有機農産物の流通とマーケティング』農山漁村文化協会。

佐藤奨平・川手督也・李裕敬・楊上禾（2020）「台湾のオーガニック・サプライチェーン構築における専門小売店の役割と課題―里仁事業股份有限公司を事例として―」『フードシステム研究』第26巻4号，pp.331-336。https://doi.org/10.5874/jfsr.26.4_331.

佐藤奨平・川手督也・李裕敬・楊上禾（2021）「台湾有機・自然食品のフードチェーン構築における生協の協働型商品開発の特質と課題―台灣主婦聯盟生活消費合作社を事例として―」『フードシステム研究』第27巻4号，pp.304-309. https://doi.org/10.5874/jfsr.27.4_304.

Schumpeter, J.A（1926）Theorie der Wirtschaftlichen Entwicklung, Berlin, BRD: Duncker und Humblot.

Chifumi Takagi, Sutrisno Hadi Purnomo & Man-KeunKim（2020）Adopting Smart Agriculture among organic farmers in Taiwan, pp.1-16, Asian Journal of Technology Innovation, DOI:10.1080/19761597.2020.1797514.

蔦谷栄一（2000）「台湾における有機農業，減農薬・減化学肥料栽培の取組実態―環境負荷軽減を基本とした地道な展開―」『農林金融』第53巻11号，pp.42-62。

津谷好人・稲本志良（2011）「農業経営におけるイノベーションの重要性と特質」八木宏典編集代表，稲本志良・津谷好人編『イノベーションと農業経営の発展』農林統計協会，pp1-18。

山口隆之（2010）「中小企業経営とイノベーション」深山明・海道ノブチカ『基本経営学』同文社。

Shang-Ho Yang, Tokuya Kawate, Shohei Sato（2019）The Development of Organic Agriculture and Food Products in Taiwan,（47）: 55-73, Bulletin of the Department of Food Business, Nihon University.

第3部

韓国における有機農業・農産物の
フードシステムの動向と課題

第7章 韓国における農産物消費・流通の動向と
親環境農産物の位置づけ

魏　台錫・李　均植
韓国農村振興庁
Tae-Seok WI, Kyun-sik LEE
Korea Rural Development Administration

1．韓国における農産物の消費・流通環境の変化

　韓国では2000年を頂点に野菜および果実の消費が横ばい状況である。この中で、素材（原物）の消費は減少し、加工・外食の消費は増えつつある。農村振興庁が管理する消費者パネルを対象に行った調査結果によると、2010年の購買額を100とした場合、2017年〜2019年までの3年間平均で、生鮮食料品平均は91、果実類は84、食料作物は72、野菜・特用作物は69、水産物は99、畜産物は108である。過去より購買額が増えているのは、唯一畜産物だけである。年代別に見ると、30代以下の食の外部化傾向が高く、60歳以上の食の外部化傾向は最も低い。若い世帯ほど消費の外部化傾向が強くなっていることがわかる。

　一方、1990年代に入ってから小売店の規模化・チェーン化が急激に進んだ。さらに、業務・加工分野では食の外部化と相まって規模化も進んだ。このように、規模化は小売部門のみならず、業務・加工部門へまで広がりつつある。これら規模化した小売・業務・加工部門では農産物の購買において4定（定時・定量・定価・定品質）を重視する傾向である。このような規模化した小売・業務・加工向けに農産物を安定供給することが産地の競争力の決め手となりつつある。そのため、産地では供給の安定性を確保する目的から農家の組織化とそれに基づく大規模化も進めてきた。そして、組織化・規模化の進んだ産地であるほど、セリ中心の取引に傾斜する卸売市場から離れる現象が

第7章　韓国における農産物消費・流通の動向と親環境農産物の位置づけ

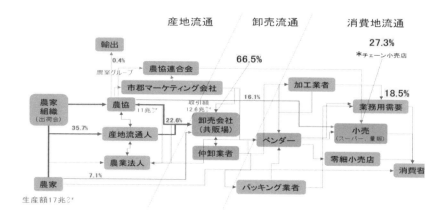

図1　韓国における農産物の流通構造

出所）農林畜産食品部、〝2020 主要農産物流通実態〟、2021。

顕著である。

　韓国では青果物に限って言えば、卸売市場流通が全体の66.5％をしめており、青果物流通の主流を成している（図1）。しかし、セリ取引に傾斜している卸売市場取引方法の特徴上、取引の硬直性が大きな問題となっており、安定的な取引（供給・購買）を求める川上と川下は卸売市場流通から離れつつある。そして新たにできつつある量販店やスーパーとの産直取引が増えつつある。

　韓国における青果物流通の主要な流通経路である、卸売市場における親環境認証農産物の取扱割合は非常に低い。2021年、取引量基準で1.8％が流通しており、取扱金額基準では2.3％をしてめているに過ぎない。しかし、卸売市場で取り扱っている親環境認証農産物のうち、キノコと甘藷の流通割合は比較的に高い。この二つの品目が卸売市場流通量の相当割合を占める。2021年基準で卸売市場を経由する親環境認証農産物のうち、キノコ（73.1％）、甘藷（11.2％）、玉ねぎ（3.0％）、トマト（1.9％）、ズッキーニ（1.4％）の5品目が90.6％を占めている。しかも、卸売市場に搬入する親環境認証農産物

第3部　韓国における有機農業・農産物のフードシステムの動向と課題

はほとんど無農薬認証農産物である。

２．親環境農産物の生産・流通動向

　韓国における親環境農産物の認証面積は、2021年基準で7万5435haであり、このうち有機認証面積は4万663haで、全親環境農産物の53.9％を占める。そして無農薬認証農産物の栽培面積が3万4771ha（46.1％）である。韓国における親環境農産物は有機農産物と無農薬農産物である。2009年に認証面積比率および認証面積が最高値を記録した後、2018まで減少し続け、2019年と2020年には小幅回復していた（図2・3）。

　親環境認証農産物の出荷量は2009年を頂点に減少に転じており、その後も減少し続けている。一方、有機農産物は2005年から増加しつつあり、年平均4.8％増加して2020年に138千トンまで増えた。しかし、2016年に廃止となった減農薬農産物はもちろん無農薬農産物の出荷量も減少し続けてきたが、近年は横ばいで推移している（図4）。特に、2021年には新型コロナウィルス発生の影響を受けて前年より7.8％も生産面積が減少した。ただし、有機栽培面積に限って言えば、2016年以後から一貫して増加している。一方、親環境農産物の出荷量は51万7387トンであり、そのうち有機認証農産物の出荷量は16万8878トンで全体の32.6％にとどまっており、無農薬認証農産物の出荷

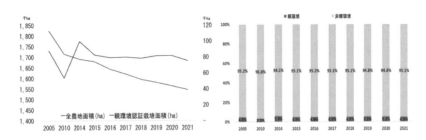

図2　親環境認証農産物の栽培面積
出所）国立農産物品質管理院。

図3　親環境認証農産物の栽培面積割合
出所）国立農産物品質管理院（2023）。

第7章　韓国における農産物消費・流通の動向と親環境農産物の位置づけ

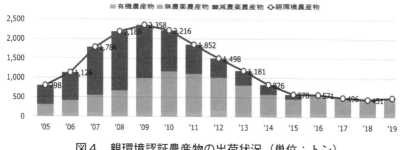

図4　親環境認証農産物の出荷状況（単位：トン）

出所）国立農産物品質管理院。

量が34万8505トン（全体の67.4％）である。親環境農産物の品目割合は、穀物類（31.8）、野菜類（29.3）、特用作物類（26.7）、イモ類（4.9）、果実類（3.5）順になっている。これを認証類型別にみると、有機は穀物類（57.2）、野菜類（23.6）、果実類（4.3）の順であり、無農薬は特用作物類（37.5）、野菜類（32.1）、イモ類（5.2）順になっている。

親環境農産物の認証農家数は2018年親環境農業直接支払金単価の引き上げや有機持続直接支払金支給期限を廃止したことが影響して小幅増加した（図5）。現在、韓国における親環境農業の認証面積は全農地面積の5.2％で小幅増加している。中でも有機栽培は増加しているものの、無農薬は減少傾向にある（図6）。

親環境農産物の生産農家は農協に最も多くを出荷し（約36.6％）、消費段階では学校給食が最も多い割合（39％）を占めている。

親環境農産物に対する認知度は比較的高いものの、有機や無農薬などへの認知度は相対的に低いのが特徴的である（図7）。特に、生鮮農産物より加工食品に対する有機・無農薬製品は認知度が低い傾向である。また、ほとんどの消費者は親環境認証農産物と低炭素認証農産物やGAP認証農産物などとの違いが分らない。30歳代女性だけがかろうじてそれらの違いを認知している程度である。様々な認証農産物が氾濫する中で、消費者がその違いがはっきり分からないと、相対的に価格競争力のある農法に生産が傾斜する可

107

第3部　韓国における有機農業・農産物のフードシステムの動向と課題

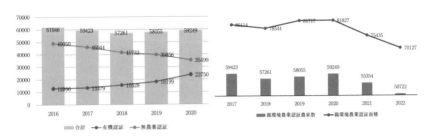

図5　親環境農産物の認証農家数　図6　親環境農産物の認証農家数及び認証面積

出所）国立農産物品質管理院。

出所）国立農産物品質管理院。

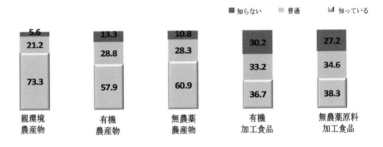

図7　親環境認証農産物の認知度

資料）2022年親環境農産物への消費者の認識および販売場状況調査、農水産物流通公社

能性が高い。これが、後述するGAP認証農産物の成長を説明できる一つの要因である。

消費者が親環境認証農産物を購入する場所は量販店（68.8％）、農協・畜協売場（40.7％）、生協・専門売場（37.6％）、オンライン早朝配送（27.7％）、一般オンライン（17.8％）などの順である。そして、消費者が親環境農産物を購入する場所として量販店を利用する理由の一つは品揃えであり、2番目が販売者を信頼するからである。しかし、農協・畜協から購買する一番目の理由は販売者を信頼することであり、2番目が品揃えである。結局、消費者は品ぞろえや信頼性、そして鮮度などの面で親環境認証農産物の購買先を選

第7章　韓国における農産物消費・流通の動向と親環境農産物の位置づけ

表1　親環境農産物の購買場所と購買する理由

小売業態	購買割合	利用理由順位1	利用理由順位2
量販店	68.8	品揃え	販売者信頼
農協・畜協売場	40.7	販売者信頼	品揃え
生協・専門売場	37.6	販売者信頼	新鮮
オンライン早朝配送	27.7	販売単位多様性	新鮮
一般オンライン	17.8	安い価格	品揃え
SSM	17.6	販売者信頼	品揃え
生産者と産直	17.5	販売信頼	安い価格
伝統市場	14.9	安い価格	新鮮
一般小売店	10.2	販売単位多様性	安い価格
百貨店	7.1	販売者信頼	品揃え
ホームショッピング	5.9	多様な販促	品揃え
コンビニー	2.4	販売単位の多様性	販売者信頼

出所）2022年親環境農産物への消費者の認識および販売場状況調査、農水産物流通公社。

表2　親環境農産物の業態別売上高の推移

区分	業態	2010	2011	2012	2013	2014	2015	2016	2017	2018	2019	2020	2021
親環境専門業態	親環境専門店	2,187	2,572	2,888	3,106	3,557	4,105	4,484	4,328	4,816	4,633	3,934	4,057
	生協	5,370	6,113	7,000	8,503	9,574	9,867	10,690	11,056	11,039	10,890	13,140	13,033
	小計	7,557	8,685	9,888	11,609	13,131	13,971	15,174	15,384	15,855	15,523	17,074	17,090
量販店	量販店	1,438	1,583	1,874	1,936	2,179	2,126	2,286	1,964	2,034	2,136	1,642	1,580
	百貨店	715	770	800	872	849	863	768	691	699	629	429	437
	SSM	498	604	775	936	1,286	1,730	2,079	2,378	2,398	1,971	910	823
	小計	2,651	2,957	3,449	3,744	4,314	4,719	5,134	5,033	5,131	4,736	2,981	2,839
農協等	直売場	–	–	6	32	95	166	253	357	432	521	714	897
	農協	300	300	300	300	300	371	268	275	255	1,011	70	68
	小計	300	300	306	332	395	537	521	632	687	1,532	784	965
オンライン												491	1,457
合計		10,508	11,942	13,643	15,685	17,840	19,228	20,829	21,049	21,674	21,790	21,330	22,351

出所）2022 親環境農産物への消費者の認識および販売場状況調査、農水産物流通公社。

択しているようである（表1）。

　親環境農産物を販売する小売を業態別にみると、親環境農産物の売上は、新型コロナウィルスの影響からオフライン売場は激減して、オンラインでの販売額は急増したことがわかる（表2）。

　慣行栽培農産物は既存の流通段階を利用して小売段階に流通させているのに対して、親環境農産物は品目ごとに流通経路が異なって、同じ品目であっ

109

第3部　韓国における有機農業・農産物のフードシステムの動向と課題

表3　親環境栽培農産物と慣行栽培農産物の生産者手取率と流通費用率比較

区分	柑橘		馬鈴薯		ミニトマト		さつま芋		玉ねぎ	
	親環境	慣行	親環境	慣行	親環境	慣行	親環境	慣行	親環境	慣行
生産者手取率	68.5	41.9	50.4	25.6	49.1	50.4	39.5	72.8	32.5	17.7
流通費用率	31.5	58.1	49.6	74.4	50.9	49.6	60.5	62.4	67.5	82.3

出所）2018年親環境農産物流通経路別費用調査、aT農水産食品流通公社、2018。

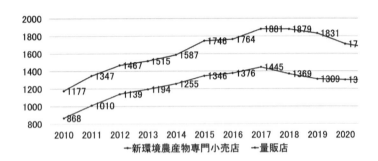

図8　親環境農産物小売売場数の推移

出所）2022年親環境農産物への消費者の認識および販売場状況調査、農水産物流通公社。

ても親環境農産物と慣行栽培農産物の流通費用は異なる。親環境農産物は学校給食へ出荷する場合と生協へ出荷する場合の生産者手取価格率がそれぞれ63.1％と50.6％で最も高く、ほかの販売経路の平均生産者手取価格率（36.7％）より約1.55倍高い。そのため、流通経路により生産者の所得差も大きい（表3）。

　親環境農産物を取扱う専門店と量販店などの売場数も2017年を頂点に減少傾向にある。ただ、親環境農産物専門店の売上は依然として増加しつつある（図8）。

　2022年において、親環境農産物の最も多くは卸売市場（20.3％）に出荷され、専門流通業者（15.7）、スーパー（12.7）、量販店（12.2）、生協（9.5）、農協（9.0）の順に出荷されている。先述したように、卸売市場で取り扱う親環境農産物はほぼ100％無農薬農産物である。一方、消費地では給食

第7章　韓国における農産物消費・流通の動向と親環境農産物の位置づけ

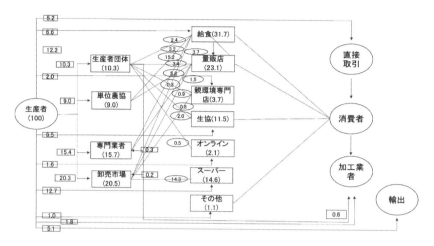

図9　親環境農産物の流通状況（コメを含む）

出所）2022年親環境農食品産業現状調査委託研究報告書、農水産食品流通公社、2022。

(31.1％)、量販店（23.1）、スーパー（14.6）の順で多く流通されている（図9）。

　親環境農産物は給食と量販店で全体の54.2％が販売・消費されることになる。このことは新型コロナウィルスの影響を増幅させる原因となった。2020年、新型コロナウィルス発生の影響で学校給食が中止となり、しかも、来場客の多い量販店も客足が途絶えた。そのため、親環境農産物の多くは売り先がなくなり、生産農家の多くが苦戦した。例えば、2020年下半期の学校給食支援センターの親環境農産物の取扱量は前年同期比82.5％も減少していた。親環境農産物の消費拡大のため、販売経路の多様化が如何に重要であるかを生産者が共感する重要なきっかけとなったのは間違いない。もちろん、相対的な高価格が親環境認証農産物の消費に影響していることも否定できない。親環境農産物は多品目（約150品目）少量生産構造を持っていることもあって、慣行栽培農産物に比べて約1.5倍高い。実際、生産費も慣行農産物に比べて1.45倍高い。これに対して、親環境農産物に対する消費者支払意思価格

は親環境農産物の購入経験のある消費者ですら、51％が慣行栽培農産物と等しいか10％未満の価格であると答えており、20％未満まで含めても75.6％に達する。1.5倍以上支払意思のある消費者は0.4％過ぎない。

3．韓国における親環境農畜産物の認証制度

　韓国における親環境農畜産物の認証は〝親環境農漁業育成および有機食品など管理・支援に関する法律（以下、親環境農業法）〟に基づいて、農林畜産食品部と国立農産物品質管理院が関連業務を担当している。現在、韓国における親環境農畜産物の認証制度は、無農薬農産物、有機農産物、有機畜産物、無農薬原料加工食品、有機加工食品、非食用有機加工食品認証が運営されている。

　韓国における親環境農畜産物認証制度の対象は、親環境認証を取得した農畜産物に加えて親環境認証を取得した農畜産物を原料とした加工食品を含む。ここで、親環境認証農畜産物は生物多様性を増進させ、土壌での生物的循環と活動を促進し、農業生態系を健康に保全するための合成農薬と化学肥料を使用しないか、使用を最小化した農畜産物を意味する。また、親環境認証加工食品は無農薬農産物と有機食品と有機農畜産物を原料に機械的・物理的または生物学的に加工した食品を意味する（表４）。

　親環境農産物認証制度が導入された1998年には低農薬農産物、無農薬農産物、転換期有機農産物、有機農産物の３本立ての認証から始めた。しかし、2015年を限りに低農薬認証と転換期有機認証を廃止して、現在、無農薬認証と有機農産物認証の２本立ての運営となっている。これは、多様な認証制度の導入によって消費者の困難を起こしかねないと判断したからである。無農薬農産物は合成農薬を使用せず、化学肥料を推奨量の３分の１以下に使用して生産した農産物である。そして、有機農産物は合成農薬と化学肥料を使用しないで生産した農産物である。2022年においては、50.7千戸の親環境農産物認証農家が70.1千haで446.8千トンの親環境農産物を生産した（表５）。こ

第7章　韓国における農産物消費・流通の動向と親環境農産物の位置づけ

表4　韓国における親環境認証農畜産物の認証制度および認証基準

区分		認証基準
農産物	無農薬農産物	農業生態系を健康に維持・保全し、環境汚染を最小化する耕作原則を適用して合成農薬を使用しなく、推奨成分量の1/3以下で化学肥料使用を最小化するなど無農薬栽培方法で生産した農産物
	有機農産物	農業生態系を健康に維持・保全し、環境汚染を最小化する耕作原則を適用して合成農薬と化学肥料を使用しないで作物の輪作など有機栽培方法によって生産した農産物
畜産物	有機畜産物	家畜が自由に活動できる畜舎条件と畜種別定められた放牧条件を遵守して有機資料の給与しながら動物用医薬品に依存しないなど有機飼育方法によって生産した畜産物
加工食品	無農薬原料加工食品	無農薬農産物と有機食品を原料として認証基準に従って機械的・物理的・生物学的方法で加工した食品
	有機加工食品	有機農畜産物を原料として有機的純粋性が維持できるよう、機械的・物理的・生物学的方法で加工した食品
	非食用有機加工食品	有機農畜産物と許容された飼料添加物で作られた飼料

出所）国立農産物品質管理院、親環境認証管理システム

表5　親環境農産物認証状況

単位：千戸、千ha、千トン

区分	低農薬			無農薬			有機			合計		
	農家数	面積	出荷量	農家数	面積	出荷量	農家数	面積	出荷量	農家数	面積	出荷量
2005	15	30	488	33	14	242	5	6	68	53	50	798
2010	90	84	1,054	83	95	1,040	11	16	122	184	194	2,216
2015	8	8	117	12	57	366	48	18	94	68	83	577
2020	0	0	0	35	43	358	24	39	138	59	82	496
2021	0	0	0	30	35	349	25	41	169	55	76	517
2022	0	0	0	26	31	319	25	40	128	51	70	447

出所）国立農産物品質管理院、親環境認証管理システム。

のうち有機農産物認証農家は24.9千戸であり、39.6千haの面積で127.7千トンの有機認証農産物を生産した。近年、無農薬農産物の認証規模が縮小する反面、有機農産物の認証規模は増加傾向にある。出荷量基準での割合は、無農薬認証農産物は特用・薬用作物（42.6％）、野菜類（32.3％）、食料作物（20.5％）の順であり、有機認証農産物は食料作物（56.0％）、野菜類（30.3％）、果実類（6.1％）の順である。

113

第3部　韓国における有機農業・農産物のフードシステムの動向と課題

表6　無抗生剤畜産物と親環境畜産物認証状況

単位：千戸、千ha、千トン

区分	無抗生剤		有機		合計		
	農家数	出荷量	農家数	出荷量	農家数	飼育頭数	出荷量
2011	6,599	481	98	21	6,697	93,857	502
2015	7,701	804	98	28	7,799	145,432	832
2020	6,240	1,069	104	48	6,344	189,134	1,117
2021	6,636	1,112	124	51	6,760	202,164	1,163
2022	6,972	1,624	126	50	7,098	222,117	1,674

注）無抗生剤畜産物認証は2020年から親環境畜産物認証に含まない
出所）国立農産物品質管理院、親環境認証管理システム

　従来までは親環境畜産物認証制度は無抗生剤畜産物と有機畜産物認証に分けて運営してきた。しかし、2020年に無抗生剤畜産物認証制度が畜産法に移管されることになった。そのため、親環境畜産物として呼ばれるのは有機畜産のみである。

　2022年基準、無抗生剤認証畜産農家は6,972戸で、221,853千頭が飼育されている。一方、有機認証畜産農家は125千戸で、264千頭が有機認証畜産物として出荷された。特に、出荷量基準では、無抗生剤認証畜産物は肉鳥（36.2％）が、有機認証畜産物は牛乳（97.1％）が最も多い割合を占める（表6）。

　親環境加工食品の認証には無農薬原料加工食品、有機加工食品、非食用有機加工食品認証がある。無農薬原料加工食品認証は無農薬農産物と有機食品を原料に加工した食品を認証したものであり、有機加工食品は有機農畜産物を原料として有機的純粋性が維持できるように加工した食品を認証するものである。

　非食用有機加工食品認証は有機農畜産物と許された飼料添加物を使用した飼料に対して認証するものである。無農薬原料加工食品は2022年176企業で696の製品で出荷しており、総量は7.7千トンであり、有機加工食品は918企業から8,868の製品で総量113.8千トンが出荷された（表7）。なお、非食用有機加工食品は23企業で348製品で総量20.3千トンが出荷された。

114

第7章　韓国における農産物消費・流通の動向と親環境農産物の位置づけ

表7　親環境加工食品認証規模の変化

区分	無農薬原料加工食品			有機加工食品			非食用有機加工食品			合計		
	業者数	製品数	出荷量	業者数	製品数	出荷量	業者数	製品数	出荷量	業者数	製品数	出荷量
2015	-	-	-	650	4,083	-	5	45	-	655	4,128	-
2020	2	27	-	823	7,330	102	19	278	21	844	7,635	123
2021	163	654	6	891	8,318	110	20	339	28	1074	9,311	144
2022	176	696	8	918	8,868	114	23	348	20	1117	9,912	142

出所）国立農産物品質管理院、親環境認証管理システム。

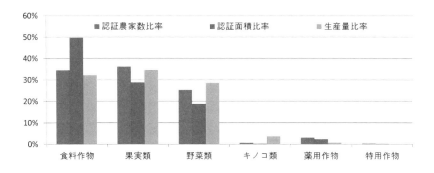

図10　GAP 産物の認証状況

出所）国立農産物品質管理院。

　一方、近年、韓国ではGAP認証農産物が伸びつつある。面積基準で食糧作物はおよそ50％を占めており、果実は約29％、野菜は19％を占める（図10）。GAP認証制度は2006年〝農産物品質管理法〟を改正してGAP管理基準と対象品目を決定した。法改正前には2003年から2005年までスイカ、イチゴなど42品目に対して本客的な実施を向けて試験運用を行った。2008年には対象品目を105品目に拡大し、2009年には国内で食用で栽培する全品目に対象を拡大した。

　2012年には農水産物品質管理法を改正して、認証有効期限を1年から2年に拡大し、農家の負担を最小化して管理を効率化するための生産者集団認証制を導入した。そして、農家が保有する収穫後管理施設に対するGAP施設指定基準を設けた。これによって、GAP認証農産物流通過程においても体

115

系的な管理ができるようになった。2015年にはGAP認証などに関する実施要領を改正して、土壌および用水分析周期を４年から５年に延長し、各機関が保有する土壌重金属、水質分析結果を引用する際に、当該農耕地半径500メートル以内は分析を省略できるようにした。2018年にはGAP認証機関の指定および運用要領を改正して、GAP管理施設指定業務を民間認証機関に移譲した。

　消費者の安全・安心指向と環境性の側面から言えば、親環境認証農産物よりGAP農産物が選好されている。GAP農産物は親環境農産物より栽培と販売単価の面で有利であることは否定できない。減農薬認証農産物が親環境認証農産物制度から廃止されることになってGAP認証農産物へ生産がシフトしたことも可能性としてあげられる。特に、キノコと薬用作物の場合は、GAP認証は少ないように見えるが、それはキノコ類と薬用作物において親環境認証農産物（主に無農薬認証農産物）の割合が高いことと無関係ではない。キノコ農家と薬用作物農家はGAP農産物に回る必要がなかったということが一つの原因になったようである

　一方、小売店でもGAP認証農産物をベースに自社のPB商品を組み立てる動きが強い。GAP認証農産物は、過度な環境負荷をかけずに生産者もある程度納得できる価格が確保できる。

　2023年10月において、GAP認証農産物は310品目で、認証件数も12,440件に上る。GAP農産物の認証を始めた2006年に比べて品目数と認証件数はそれぞれ約6.9倍と56.5倍に増加した（表８）。栽培面積ではおよそ100倍も増加した。ほかの認証では類を見ない数値であるものの、品目によっては大きな開きがある（表８）。

　主要品目におけるGAP認証は品目によって格差が生じる。例えば、同じ果実の中でもぶどうと桃、そして、トマトとスイカは認証面積の増加率が相対的に高く、梨や柑橘、そして、柿とイチゴなどは認証面積の増加率が相対的に低い（表９）（図11）。

　GAP農産物管理施設の認証件数も増えつつある。法律上、中間流通業者

第7章　韓国における農産物消費・流通の動向と親環境農産物の位置づけ

表8　GAP認証農産物の生産動向

	認証品目（個）	認証件数（件）	農家数（戸）	栽培面積（ha）	生産計画量（トン）
2006	45	220	3,659	1,373	101,354
2010	86	1,459	34,421	46,701	509,931
2015	153	4,019	53,583	65,410	1,068,167
2020	283	10,362	114,264	126,986	3,003,717
2021	298	11,278	119,824	132,324	3,181,280
2022	306	11,888	121,395	132,884	3,865,853
2023.10.	310	12,440	123,965	135,049	4,278,280

出所）国立農産物品質管理院。

表9　GAP認証農産物の主要品目別生産動向

品目名	2022年 認証件数	農家数	栽培面積	2023年10月 認証件数	農家数	栽培面積
コメ	496	37,662	57,224	516	38,131	60,005
リンゴ	1,183	12,478	13,057	1,220	12,632	13,119
梨	556	3,709	3,979	552	3,825	4,097
ぶどう	981	8,310	4,909	1,133	8,997	5,096
もも	382	5,928	4,995	418	6,035	5,061
柑橘	148	5,111	4,729	149	5,053	4,633
甘柿	380	1,190	1,915	389	1,192	1,892
いちご	1,223	6,342	3,485	1,261	6,317	3,439
トマト	452	1,737	1,538	500	1,802	1,577
スイカ	102	1,513	1,486	106	1,607	1,605
310品目	5,903	83,980	97,318	6,244	85,591	100,524

出所）国立農産物品質管理院。

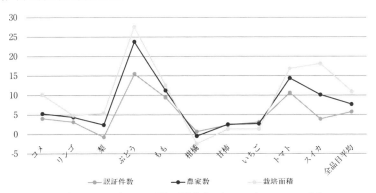

図11　主要品目別GAP認証増減率（2021年－2022年）

出所）国立農産物品質管理院。

117

第3部　韓国における有機農業・農産物のフードシステムの動向と課題

表10　GAP農産物管理施設の認証動向

区分	APC	RPC	その他	合計
2006	40	19	131	190
2010	105	99	361	565
2015	213	129	375	717
2020	362	186	342	890
2023.10.	428	214	402	1044

出所）国立農産物品質管理院。

がGAP農産物を扱うためには集出荷場のみならず中間流通業者の保有する管理施設も認証を受けなければならない。そのため、GAP農産物管理施設は、流通業者がどれだけGAP農産物を扱える準備が出来ているのかということの指標の一つとして見ることができる。2023年10月時点で2006年の約5.5倍も増加している（表10）。この推移から見ると、GAP農産物管理施設の認証も今後増えていくということが予想される。

4．親環境農産物に対する消費者の認識

2021年韓国農村振興庁が管理する消費者パネル999名を対象に行った調査結果によると、親環境認証農産物を購買した経験のある消費者は78％であった（表11）。

消費者が親環境認証農産物を購買する理由は安全性（44.9％）が最も多く、次いで健康増進（24.7％）、品質優秀（13.7％）、環境保護（6.4％）の順であった（図12）。親環境認証農産物の購買回数は月1〜2回が39.4％で最も

表11　アンケート調査に応じた応答者の年齢代分布

区分	20代	30代	40代	50代	60代以上	合計
応答者数	75	177	194	292	261	999
割合	7.5%	17.7%	19.4%	29.2%	26.1%	100.0%
人口総調査割合	8.1%	15.0%	20.4%	23.1%	33.4%	100.0%

出所）農村振興庁消費者パネル対象アンケート調査（2021年）。

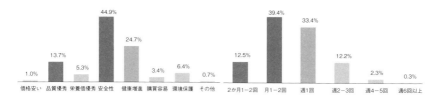

図12　親環境認証農産物購買理由
（単位：％）

図13　親環境認証農産物購買頻度
（単位：％）

出所）農村振興庁消費者パネル対象アンケート調査（2021年）。

出所）図13に同じ。

多く、次に週一回が33.4％であった（図13）。多くの消費者が日常的消費財として親環境認証農産物を消費するところまでは至っていないことがうかがえる。

　近年、親環境認証農産物を活用した加工食品（国産・輸入産）の購買が増加している。特に、食品産業の素材として親環境認証農産物の活用度が増加している。そのため、消費者の認識と行動観察によって親環境認証農産物の消費基盤を整備することが重要である。

　一方、消費者が親環境認証農産物を購買する場所としては大型量販店が37.2％で最も多く、次いでスーパーマーケットでの購買が20.9％を占める（図13）。

　すなわち、消費者が選択した購買場所は、アクセス性がよく、販売促進などイベントが多い経路であることがわかる。年齢代別に区分してみると、30歳代以下はオンライン・ショッピング・モールから親環境認証農産物を購買する場合が多く、60歳代以上は産直を利用する場合が多かった。すなわち、今後、親環境認証農産物の消費促進のためには、アクセス性の優れた供給網の構築と利便性と信頼確保を強化するオンラインを活用した産直が有効であると考えられる。もちろん、そのためには親環境認証農産物の商品性を高めるとともに環境保護など公益的価値に対する消費者の認識を高めることが求

第3部　韓国における有機農業・農産物のフードシステムの動向と課題

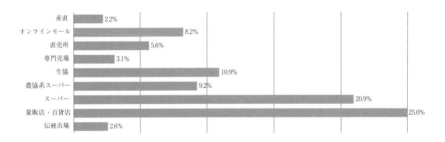

図14　親環境認証農産物を購買しない理由（単位：％）

出所）農村振興庁消費者パネル対象アンケート調査（2021年）。

められる。

　一方、消費者が親環境認証農産物を購買しない理由としては、慣行農産物より価格が高いことが55.9％で最も多く、次いで、一般農産物との品質差の少なさ（13.2％）と安全性が疑わしい（11.4％）、健康増進の面から一般農産物との差別性の少なさ（9.1％）の順であった（図14）。これは親環境農産物の高い価格水準に消費者が納得していないことを意味する。すなわち、親環境認証農産物の消費促進のためには、親環境認証農産物の安全性と機能性のみならず、親環境認証農産物の生産・流通事情についても理解を深めていかなければならない。一方、環境保護に貢献しないと回答した者は少ないが、これは非購買者も環境保護など親環境農業の公益的機能と価値に対して充分共感するからと考えられる。

　これまで親環境認証農産物を購買しなかった消費者が購買意欲を高める要因としては、一般農産物（慣行栽培農産物）と価格が等しいか安い時と答えたのが44.5％で最も多く、その次に、親環境認証農産物が一般農産物より味と品質が優れているとき（25.9％）、親環境認証農産物が一般農産物より安全であることが証明できるとき（17.3％）の順になっていた（図15）。

　したがって、親環境認証農産物の購買を増やすためには、親環境認証農産物の商品性と安全性に基づいて相対的に高い価格になる理由をしっかりと消費者に共感してもらえることが重要である。

第7章　韓国における農産物消費・流通の動向と親環境農産物の位置づけ

図15　親環境認証農産物を購買しない理由（単位：％）
出所）農村振興庁消費者パネル対象アンケート調査（2021年）。

　親環境認証農産物を購買する消費者と、そうではない消費者間の認識の差を比較してみた。まず、親環境農産物の認証制度に対する認知度は次のようである。親環境認証農産物の購買者と非購買者ともに親環境農産物の認証制度について、知っていると答えた購買者が86.5％である反面、非購買者は63.2％であった。しかし、全く知らないと答えた割合は購買者が13.5％であるのに対して非購買者は36.8％で、3倍近く多かった（図16）。これは消費者の親環境農産物認証制度に対する認知度の差が親環境農産物購買行動に影響することを意味する。特に、年齢が高いほど親環境農産物に対する認知度が増加する。これは30歳代以下世代に対して親環境認証農産物の購買を促進するためには認証制度以外の教育と広報活動が伴わなければならないことを意味する。

　次に、親環境農産物の購買経験のある消費者と購買経験のない消費者の親環境認証農産物に対する信頼度は大きく異なる（図17）。親環境認証農産物に対する信頼度は購買経験者と購買非経験者がそれぞれ4.1点（81.6％）と3.4点（68.6％）で大きな格差があった。この格差は親環境認証農産物の生産過程、生産費、認証基準と手続きなど関連情報に対する親環境認証農産物の購買経験者と購買非経験者との間での情報の非対称性が存在するからである。言い換えれば、親環境認証農産物の消費拡大のためには、親環境認証農産物の持つ慣行農産物と対比できる特徴を明確にして、消費者の親環境認証農産物に対する理解と共感を得ることが不可欠な条件である。特に、20歳代の場

121

第3部　韓国における有機農業・農産物のフードシステムの動向と課題

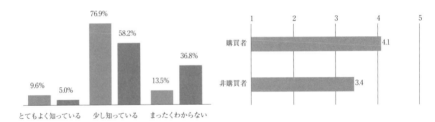

図16　親環境認証制度の認知度
　　　　（単位：％）

出所）農村振興庁消費者パネル対象アンケート調査（2021年）。

図17　親環境認証制度への信頼度
　　　　（5点尺度）

出所）図16に同じ。

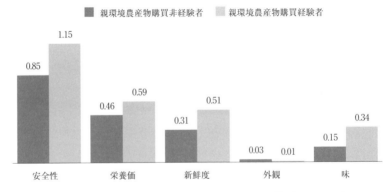

図18　親環境認証農産物の特徴に関する認識（−2〜＋2）

出所）農村振興庁消費者パネル対象アンケート調査（2021年）。

合、ほかの年齢代より購買者と非購を得ること買者間の信頼度の差が大きい。したがって、ほかの年齢よりMZ世帯のような若い消費者を対象に認証制度と親環境認証農産物に対する認知度と信頼度を向上させるための教育と広報を優先するべきである。

　親環境認証農産物の購買経験者と購買非経験者間の親環境認証農産物の特徴に関する認識を比較した（図18）。

　ここでは消費者が親環境認証農産物と慣行農産物の特徴が似ていると認識

第7章　韓国における農産物消費・流通の動向と親環境農産物の位置づけ

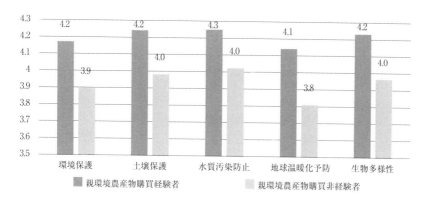

図19　親環境認証農産物の機能に関する共感度（5点尺度）
出所）農村振興庁消費者パネル対象アンケート調査（2021年）。

する場合（0）を基準に、親環境認証農産物が慣行農村物より優秀であると認識する場合に1点または2点を付与し、反対の場合-1または-2を付与する方式で両農産物の特徴に対する認識を比較した。その結果、消費者は親環境認証農産物が慣行農産物より優秀であると認識しており、特に、親環境認証農産物の購買経験者と購買非経験者間において安全性側面で最も大きな差があった。次いで、鮮度、味、栄養の面で差を見せている。しかし、外観の面では購買者と非購買者間の差を見られなかった。年齢代別にみると、30歳代以下で購買者と非購買者は鮮度と味の側面で大きな差がみられた。そして、60歳以上の購買者と非購買者は鮮度と栄養の面で大きな差がみられた。この結果からすると、若い消費者に対して親環境認証農産物の消費を誘導するためには、味など品質側面での改善が必要である。そして、高齢の消費者に対しては機能性をアピールする方法が有効であるように考えられる。

　親環境認証農産物の購買経験者と購買非経験者間の親環境認証農産物の消費機能に対する共感度を比較した（図19）。その結果、購買者と非購買者両方とも親環境認証農産物消費の水質汚染防止機能に対して共感度が最も高く、地球温暖化予防に関しては共感度が最も低かった。この結果は親環境認証農産物という消費機能はさることながら、親環境認証農産物消費も水質汚染や

第 3 部　韓国における有機農業・農産物のフードシステムの動向と課題

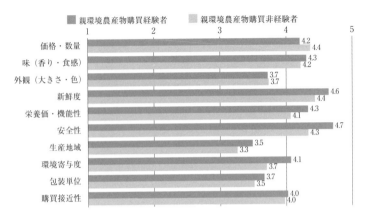

図 20　親環境認証農産物の購買要因別重要度（5 点尺度）

出所）農村振興庁消費者パネル対象アンケート調査（2021 年）。

土壌保護など環境保護に肯定的な機能を持っていることを積極的にアピールすることも必要であることがわかる。

　親環境認証農産物の購買経験者と購買非経験者は親環境農産物を購買する要因に対する重要度を比較してみた（図20）。その結果、平均的には親環境認証農産物の購買にも鮮度、安全性、価格と量、味、購買先への接近の便利さの順で重要度が高かったが、生産地域、包装単位、外観などに対する重要度は相対的に低かった。親環境認証農産物の購買経験者の場合は、安全性重要度が経済的要因（価格と量）や品質要因（味）より高かった。しかし、購買非経験者は親環境認証農産物購買の経済性をより重要視するといえる。特に、購買者は非購買者より環境寄与度をもっと重視する傾向である。これは親環境認証農産物の消費が環境保護にも肯定的であるとの期待がより大きい（すなわち、価値消費により共感する）ことを意味する。親環境認証農産物の消費拡大のためには、購買者と非購買者間の差が明確になった親環境農業と認証農産物の機能に対する消費者の共感を高める努力が重要な課題であると考えられる。

　親環境認証農産物に対する支払意思額は図21のようである。多くの消費者

第7章　韓国における農産物消費・流通の動向と親環境農産物の位置づけ

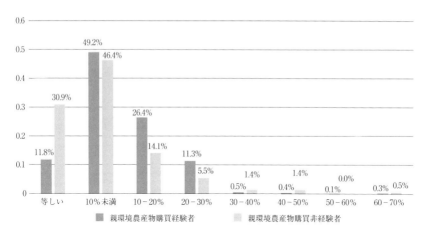

図21　親環境認証農産物に関する支払意思価格（単位：％）

出所）農村振興庁消費者パネル対象アンケート調査（2021年）。

は親環境認証農産物に対する支払意思価格を慣行農産物より10％以内で高い水準であると答えている。親環境認証農産物の購買経験のある者は一般農産物より10～30％高い支払意思額を持っているとの答えが多かったが、購買経験のない非購買者は慣行農産物と等しい価格水準しか支払意思がないという答えが多かった。これは消費者が親環境認証農産物と慣行農産物間の価格差が拡大するほど親環境認証農産物に対する購買意向が低下することを意味する。特に、経済性を重視する非購買者は両農産物間価格差が大きいほど親環境認証農産物の購買を嫌う可能性が高くなる。この結果からすると、親環境認証農産物の消費基盤を確保するためには生産者が持つ親環境農業現場の情報を消費者に円滑に伝えて、消費者が生産者と共感できる仕組み作りが重要な課題であるといえる。

　これからの親環境認証農産物に対する購買量の変化は図22のように予想できる。親環境認証制度に対する理解があり、親環境認証農産物の安全性を信頼する購買者のうち、48.0％は今後購買量を増やすと答えている。一方、親環境認証農産物の購買経験のない非購買者のうち69.5％は今後も購買しない

第 3 部　韓国における有機農業・農産物のフードシステムの動向と課題

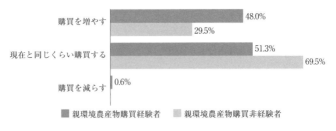

図 22　親環境認証農産物の購買意向

出所）農村振興庁消費者パネル対象アンケート調査（2021 年）。

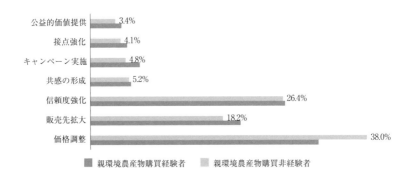

図 23　親環境認証農産物の消費活性化方法

出所）農村振興庁消費者パネル対象アンケート調査（2021 年）。

と答えた。これは経済性（価格対性能比）を重視する非購買者は親環境認証制度に対する理解と親環境認証農産物の機能的要因に対する共感が低いからであると考えられる。

　消費者に親環境認証農産物の消費活性化方法について尋ねた。その結果、親環境認証農産物の価格を下げる、信頼度強化、販売先多様化の順となった（図 23）。すなわち、消費者の親環境農業に対する理解が最も重要であることがわかる。したがって、親環境農産物の認証制度と認証農産物の持つ機能性や価値に対する広報・教育を通じて消費者の認識を高めることが重要である。さらに、親環境農産物の認証制度に対する信頼度を高めることも重要である。

第7章　韓国における農産物消費・流通の動向と親環境農産物の位置づけ

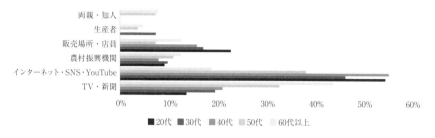

図24　親環境農産物情報の効果的な伝達手段

出所）農村振興庁消費者パネル対象アンケート調査（2021年）。

このためには、不正に認証を取得する事例が発生しないよう管理監督を徹底するとともに、生産者の認識を変えるための教育・指導も重要である。

最後に、新環境認証農産物に関する情報を伝達する手段としては、インターネット・SNS・YouTubeを最も好んでいることが分かった（図24）。TV・新聞による情報伝達も有効である。特に、オンラインを利用した広報手段は非常に幅広い年齢代の消費者に接近できる。親環境農産物の消費拡大を図るため、オンラインを利用して生産者と消費者が相互情報交換しながら交流が深められるフラットフォームを構築することが重要である。もちろん、オンライン情報に接近しにくいなど、親環境農産物情報の死角地帯を解消することも重要である。

5．まとめ

親環境農産物を購買している消費者とそうでないない消費者を比較すると、信頼性という点で大きな開きがみられる。信頼性が親環境農産物の消費拡大のカギになると考えられる。安全性に対する信頼性もあるので、親環境農産物を購買する消費者と購買しない消費者の間では、安全性に対しては確実な差が見られる。実際に親環境農産物を購買しない人の場合は価格をかなり重視する傾向があるので、親環境農産物を購買しない消費者に対して消費を増

第3部　韓国における有機農業・農産物のフードシステムの動向と課題

やすためにはやはり価格を下げる必要がある。しかし、農家としては非常に生産コストがかかるので、現状では下げにくいということが一つの問題になっている。実際に親環境農産物が有している機能について、消費者が認識しているのは安全で健康な食品ということである。また、清潔な農産物だということについては、親環境農産物を購買する消費者と購買しない消費者と全く同じ認識であることを示している。その他にも環境保全に役に立つ、土壌保護につながる、水質汚染防止につながると言ったことを切り口に親環境農産物が持つ価値に対して共感を広げていくということが重要である。今後、親環境農産物を購入する意向については、今まで購買した人はまだまだ増やしたいという意向は持っているものの、今まで購買していなかった人は購買を増やす可能性もみられない。そのため、購買していない消費者にどのようにして購買意欲を持たせるかが一つの課題である。消費活性化のために消費者に関連情報をどうやって伝達するかは、やはり時代の流れにあったようにオンラインが一番適している。今後、親環境農業の関連情報を生産者と消費者が共有する場所として、オンラインを活用したフラットフォームが必要である。

　親環境農産物の生産奨励や消費促進はパッケージ化して推進しなければならない。今後、親環境農産物の消費を活性化し、生産を増やすためには絶対的に必要なことである。親環境農産物が持っている価値共有を生産者と消費者がどういう手段で共有するか、どういう内容で実現するかということは、国としても非常に大事な課題であると同時に生産者にとっても同様である。

128

第8章　韓国における親環境農産物流通の拡大とその要因

李　　裕敬・川手　督也・佐藤　奨平

日本大学生物資源科学部

Youkyung LEE，Tokuya KAWATE，Shohei SATO

College of Bioresource Sciences, Nihon University

1．はじめに

　韓国農村経済研究院の推定によると、2017年の韓国における親環境農産物の市場規模は1兆3,608億ウォンで、今後は年平均5.8％で成長し、2025年には2兆1,360億ウォンまで拡大すると展望されている（チョンら，2018）。親環境農業とは、環境への優しさを強調する韓国独自の表現に基づく政策的規定であり、当初は、日本でいう有機栽培と特別栽培（減農薬栽培、減化学肥料栽培、無農薬栽培など）の双方を含んでいた。しかし、2015年以降は、親環境農業により生産された農産物の認証の種類は「有機」と「無農薬」の2種類に限定されている[1]。有機農産物とは3年以上有機合成農薬と化学肥料を使用せず栽培した農産物を、無農薬農産物とは有機合成農薬を使用せず、化学肥料は勧奨施肥量の3分の1以下を使用して栽培した農産物を表す。

　親環境農産物の認証は、2001年認証制度の導入から増加し続け、2012年に127,124ha（農地全体の7.3％）とピークを迎えた。2013年には認証管理に関する問題の多発とそれに対する管理強化があり2015年まで大幅に減少したものの、有機認証面積の緩やかな増加で2022年には70,127ha（うち有機39,624ha）、農地全体の4.6％にのぼり、東アジアではトップを占めている[2]。

（1）2001年親環境農業育成法において認証の種類として「有機」「転換期有機」「無農薬」「低農薬」の4種類があったが、「転換期有機」は2007年に、「低農薬」は2016年にそれぞれ廃止された。

（2）2020年に親環境農産物の認証面積は8万1,826ha（5.2％）で、年平均約5,800haずつ減少した。

第3部　韓国における有機農業・農産物のフードシステムの動向と課題

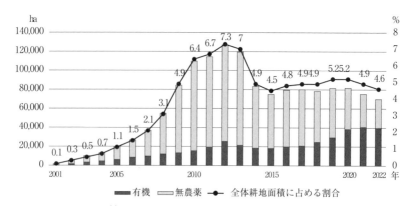

図1　韓国における親環境農産物の認証面積の推移
出所）国立農産物品質管理院の認証統計（www.enviagro.go.kr）より作成。

　こうした親環境農産物の消費拡大は、2001年以降、マスメディアを通じて健康と環境を重視するWell-beingのライフスタイル概念が流布されたことが契機となった。しかし、Well-beingはアメリカのLOHAS（Life of Health & Sustainability）やヨーロッパのスローフード（Slow food）と類似した概念であるものの、韓国では長期化していた内需沈滞のなか、企業が消費の新しいトレンドとして浸透させた傾向が強い（ユ，2006）。また、当時の黄砂や鳥インフルエンザ、SARS、狂牛病など環境リスクに対する消費者の不安の高まりを背景に、環境に優しいもの、安全な衣食住へのニーズが高まったことも影響している。その結果、韓国において親環境農産物は'安全な''健康に良い'農産物として消費者に認識されている（金ら，2012）。なお、2018年現在、消費者の親環境農産物に対する認知度が92.6％で、購入経験のある人も83％と高い（韓国農水産食品流通公社，2018）。

　以上のような親環境農産物の生産と消費の拡大において流通が果たしてきた役割は大きい。特に、流通部門においては従来の生産者団体や生協などに加えて、農協、卸売市場、量販店、専門店、学校給食など多様な主体が登場してきた。特に近年では学校給食への供給が大幅に増加しており、親環境農産物の生産と消費の拡大に貢献している。

2．先行研究と課題設定・方法

　韓国の親環境農業に関する先行研究として、鄭（2005）は政策の展開過程と特徴を整理しており、親環境農業政策が当初は農家の所得減少に対処した市場競争力の強化をはかる政策であったが、次第に環境保全と安全な農産物の生産、流通・消費まで含む総合政策として発展したことを指摘している。

　生産と消費に関しては、1990年代後半から研究が行われており、主に生産農家の採算性、産地組織化について実態調査を基に明らかにしたものが多く、消費面では、購入形態、品質や信頼度、価格等、親環境農産物に対する消費者の意識評価等が行われている（金ら，2012）。

　一方で、流通に関する研究は2000年代以降に散見される。主な先行研究としては、鄭（2007）、内山・李（2006）、黄・柳（2010）、チェら（2014）があり、親環境農産物の流通主体の実態調査から類型化と課題について明らかにしている。なかでも黄・柳（2010）は、2000年半ばの親環境農産物の新たな流通先として大手量販店や農協組織の登場を示しており、多様化する流通チャネルと多段階構造により流通マージンが高いことを指摘している。また、チェら（2014）は親環境農産物の主要流通経路である生協、量販店、卸売市場を対象に生産者と消費者の購買満足度などを調査し、量販店や卸売市場の取扱い量の増加幅が大きいのに対し、生協は生産者と消費者の関係性を重視することで取扱い量の増加幅が緩やかであることを指摘し、卸売市場の親環境農産物の取扱いを活性化する必要性を提示した。

　なお、親環境農産物と学校給食に関する研究は、ホ（2006）、グック（2012）、チョら（2013）、ファンら（2012）などがあり、親環境農産物の学校給食への供給体系と供給量の実態と課題を明らかにしている。

　これらの研究は、主に親環境農産物の生産と消費、流通のそれぞれの実態と課題を明らかにしたものが主流であり、親環境農産物流通の拡大要因を解明する視点からアプローチした研究は乏しい。特に、2010年以降は社会情勢

第3部　韓国における有機農業・農産物のフードシステムの動向と課題

が変化し、多様な流通主体が登場していることから、これらを体系的に再整理し、親環境農産物の流通拡大の要因を明らかにすることは重要である。

　そこで、本章では2001年以降の親環境農産物の流通に関連する統計資料および政策資料を用いて、近年の流通経路の変化の特徴を概観するとともに、2000年代半ばから2010年代半ばにおいて親環境農産物の流通拡大に大いに寄与した小売業における親環境農産物の取扱い状況と、2010年ごろから大幅な増加をみせている学校給食への親環境農産物の供給をめぐる社会的背景、供給体系などを分析し、流通拡大の要因を明らかにする。

3．調査結果

1）親環境農産物の流通動態

（1）従来の親環境農産物の流通経路（胎動段階から1990年代まで）

　パクら（1999）は、韓国の親環境農産物の流通形態と展開過程を3段階に分類している（表1）。まず、1970年代から1980年代半ばまでを胎動段階とし、組織化・大規模化されていない生産者と消費者間の直接取引による流通が主で、経済的側面よりは社会運動的側面が強い時期とした。当時の化学農法の弊害を経験した生産者が社会運動として環境保全型農業を実践したことが始まりだったため、主な消費者も環境問題に関心が高い宗教団体や市民運動団体であった。そのため、1980年代半ばまでは親環境農産物の販売に資する流通体系が構築されず、宗教団体や市民団体のイベント、一回性販売、宅配など対面関係による広報・販売に限られていた。

　1980年代後半から1990年代前半は拡大段階で、組織化された生産者団体および消費者団体の主導による親環境農産物の直接取引が体系化され始めた。また、親環境農産物の専門店などが登場し始めた時期でもある。当時、環境汚染による被害が社会的課題として台頭し、親環境農産物に対する消費者ニーズが急速に高まった。それに合わせて、親環境農産物を取り扱う専門流通業者が次々登場し、百貨店や大型スーパーマーケットでは親環境農産物の

第8章　韓国における親環境農産物流通の拡大とその要因

表1　親環境農産物の流通形態と展開過程

区　分	時期	流通主体の性格	流通形態	主要団体
胎動段階	1980年代半ば以前	経済的＜社会運動的	組織化・大規模化されていない生産者・消費者間の直接取引	正農会、有機農業協会
拡大段階	1980年代後半～1990年前半	経済的≒社会運動的	生産者・消費者組織間の直接取引、専門店の登場	ハンサリム、女性民友会、生協、有機農業協会流通本部、プルムウォン
多様化段階	1990年代半ば以降	経済的＞社会運動的	多様な流通経路（直接取引、専門店、直営ショップ）	生協連帯、農協有機農産物の専門店、学士農場、セノン流通、環境農業協会等

出所）パクヒョンテら（1999）『親環境農産物の流通改善方向』韓国農村経済研究院、p.35。

販売コーナーが設置された。さらには、女性団体、宗教団体や環境団体等の消費者団体では首都圏および大都市を中心に消費者生活協同組合（生協）を設立し、直接取引方式で親環境農産物を取り扱った。

　1990年代半ば以降から後半までは、流通の多様化段階とされ、生産者団体による親環境農産物販売店の開設が積極的に進められた。当時は、生産者団体が流通会社を設立し、独自の集配送網を構築したり、百貨店や量販店等で親環境農産物コーナーを直営する生産者団体も現れた。生協の直接取引も生産者団体と消費者団体の間で収集・分散機能を円滑に行うため、一部の消費者団体の間では物流センターを設置して共同集配送を図るなど、多様な流通形態が生まれた。すなわち、従来の親環境農産物の流通は、主に生産者と消費者団体が主導する直接取引に専門流通業者が介在する形態で行われた（チョン，2007）。

(2) 2000年代以降の親環境農産物の流通経路

　2000年代以降は、生産量と消費量の増加に伴い多様なチャネルが形成されている。韓国農水産食品流通公社の調査結果によると[3]、2018年の親環境農産物全体の流通経路は、生産者から生産者団体、地域農協、専門流通業者、卸売市場、貯蔵、加工業者などの中間流通主体を通して、大型流通業者（百貨店、量販店）、生協、親環境専門店、学校給食、直売などに供給され、消

第3部　韓国における有機農業・農産物のフードシステムの動向と課題

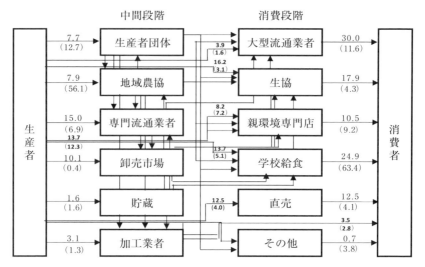

図2　韓国における親環境農産物の流通経路（2018年）

出所）韓国農水産食品流通公社「2018年親環境農産物の流通経路の調査」pp.52-54に基づき作成。
注：図中の数値は流通割合（単位：％）を表す。なお、中間段階から消費段階にかけての流通
　　割合については表示を省略している。数値は、米を除いた全体品目の値であり、括弧内の
　　数値は米の値を示している。

費者に届く仕組みになっている（図2）。

　米を除いた生鮮野菜等品目の生産者の出荷割合は、専門流通業者15.0％、卸売市場10.1％、地域農協7.9％、生産者団体7.7％、貯蔵1.6％と全体の42.3％が中間段階を経て出荷されており、生協16.2％、学校給食13.7％、直売12.5％、親環境専門店8.2％など消費段階へ直接流通する割合が50％以上である。また、消費段階における流通主体別の供給割合は、大型流通業者30％、学校給食24.9％、生協17.9％、直売12.5％、親環境専門店10.5％の順となり、大型流通業者を通じる割合と生協や親環境専門店を介して消費者へ流通する割合が高い。一方、米の出荷割合は、地域農協56.1％、生産者団体12.7％、

（3）調査は、専門調査員の訪問による面談調査、生産者への電話調査、流通業者
　　へのウェブ調査、学校と自治体への書面調査などを通じて行ったもので、品
　　目は米とイモ類、根菜類、葉菜類果実類など18種を対象にした。

専門流通業者6.9%、卸売市場0.4%、貯蔵1.6%で、地域農協と生産者団体による流通が全体の約7割を占めている。また、消費段階における流通主体別の供給割合では、学校給食が63.4%で最も高く、次いで大型流通業者が11.6%、親環境専門店9.2%、生協4.3%などの順で、学校給食が最大の消費先となっている。

このことから、米に関しては地域農協を中心に学校給食へ供給する体系が確立しつつある一方で、品目が多様な生鮮野菜などはその4割が産地の専門流通業者、生産者団体など多様な流通主体に分散され出荷される仕組みとなっていることが分かる。なお、2013年の消費者の調達先の調査結果[4]では、大型流通業者(専門店を含む)47.0%、スーパー15.7%、学校給食3.5%、生協14.6%、直売0.8%、輸出0.4%であったことから、現在の学校給食の割合は大幅に増加したことが分かる。

2）親環境農産物の小売店舗の増加

韓国ではスーパーや農協等において農産物販売場の一角に親環境農産物の専用コーナーが常設されており、消費者のアクセスが容易である。その理由としては、2000年以降の不特定多数の消費者を対象とした店舗展開が挙げられる。親環境農産物を店頭販売している店の数は表2で示すように2000年352カ所から2018年5,699カ所へ大きく増加しており、売上高別には生協が34.7%で最も高い割合を占め、量販店(20.0%)、大型スーパー(18.8%)などが続いている。量販店や百貨店、大型スーパーのような大型流通業者は2003年から店舗の差別化戦略として親環境農産物のPB商品を開発し、インショップを拡大してきた。また、大企業が設立したチョロックマウルやORGA、e-farmのような専門店も1990年後半から事業展開しており、2018年現在、804店舗が運営されている。これに加え、生協も非会員が購入できる店舗販売を展開し、全国で619店舗が運営されている。

（4）チェラ（2014）の推定値であるが、推定方法と根拠資料が同じのため比較に値する。

第3部　韓国における有機農業・農産物のフードシステムの動向と課題

表2　親環境農産物の販売店数

単位：カ所、億ウォン、％

販売主体類型	2000年販売店	2018年 販売店	2018年 売上高	2018年 割合
生協	108	619	4,265	34.7
親環境専門店	31	804	1,588	12.9
量販店	131	400	2,462	20.0
大型スーパー	7	1,340	2,313	18.8
百貨店	75	90	1,107	9.0
農協	-	2,217	225	1.8
直売所	-	229	328	2.7
合計	352	5,699	12,288	100

出所）農林部農政資料（2001）、韓国農水産食品流通公社（2018）「親環境農産物の販売場の現況調査」を基に作成。

写真1　大型スーパー（左）と量販店（右）の親環境認証製品コーナーの様子

出所）筆者撮影。

　こうした親環境農産物の店舗展開は、上述した流通業者のPB戦略として展開されていた側面に加え、政策的後押しによるものでもある。農政では、2001年から「親環境農業育成5カ年計画」を策定し、これまで4次の計画が実行されている。同計画の流通施策として農協内のインショップ設置拡大に対する支援、小売業に対する親環境農産物コーナー（または店舗）設置の支援、固定消費者層向けの販売チャネル拡大事業などに予算を編成し、販売店舗の設置支援・拡大を進めてきた。

　以上を踏まえると、韓国では2001年の認証制度導入後、早い段階から親環境農産物を取り扱う小売・店舗が増え、オープン・マーケット[5]化が進展

第8章　韓国における親環境農産物流通の拡大とその要因

したといえよう。有機農業の振興には、消費者の有機農産物へのアクセス環境が必要であることから（李ら，2013）、こうした取組みが韓国における親環境農産物の流通拡大に影響を与えたといえよう。

3）親環境農産物販売店の展開状況

　近年における親環境農産物の販売店の展開、売上高、取扱い品目等の状況について、韓国農水産食品流通公社（2023）の調査結果に基づき確認する[6]。2022年現在の親環境農産物の販売店舗数は計6,049カ所で、前年に対し1.3％増加している。販売店類型別にみると、まず、親環境専門業者である親環境専門店は2010年544カ所から2017年843カ所まで増加し続けたが、2018年から収益性が低い店舗の閉店に伴い、2022年は632カ所になっている。その間の年平均増加率は1.3％となっている。生協は2010年324カ所から増加し続け、2022年時点で665カ所と年平均6.2％の増加率をみせている（表3および図3）。

　続いて、大型総合スーパーにおいて親環境農産物を取り扱う店舗は2010年297カ所から2019年426カ所まで増加したが、2022年には若干減少し381カ所となっている。百貨店内の親環境農産物販売店数は2010年60カ所から2019年78カ所まで増加したが、以後減少し、2022年には52カ所となっている。SSMは、2010年820カ所から2017年1,386カ所まで増加したが、その後は徐々に減少し、2022年には1,215カ所となっている。このように大規模流通業者の販売店は2010年から2017年まで増加傾向をみせたが、2018年から減少に転

（5）小川（2007）は、会員制や生協などの従来の産消提携をクローズド・マーケットとし、有機農産物の小売業態により不特定多数の生産者と消費者を結ぶ流通をオープン・マーケットとした。

（6）調査における「親環境農産物販売店」とは、親環境農産物が別途管理され、オンラインおよびオフラインの店舗を通じて消費者に販売する小売店とし、伝統市場や個人商店（中小スーパーマーケット、個店）を除く、企業型小売店（生協、親環境専門店、大型総合スーパー、百貨店、SSM、農協直営スーパー「農協ハナロマート」、農産物直売場「ローカルフード直売場」、オンラインの8つの業態が該当）を対象としている。

137

第3部　韓国における有機農業・農産物のフードシステムの動向と課題

表3　親環境農産物販売店の推移（2010年－2022年）

単位：カ所、％

区　分	類型別販売店	2010年	2015年	2020年	2022年	年平均増加率（％）
親環境専門業者	親環境専門店	544	798	661	632	1.3
	生協	324	548	640	665	6.2
	小計	868	1,346	1,301	1,297	
大規模流通業者[注1]	大型総合スーパー	297	399	396	381	2.1
	百貨店	60	71	53	52	-1.2
	SSM[注2]	820	1,276	1,261	1,215	3.3
	小計	1,177	1,746	1,710	1,648	
農協等	農産物直売場	-	103	554	866	76.2[注3]
	農協ハナロマート	2,124	2,157	2,216	2,238	0.4
	小計	2,124	2,260	2,770	3,104	
合　計		4,169	5,352	5,781	6,049	3.2

出所）韓国農水産食品流通公社（2023）『親環境農産物の消費者認識および販売店の現況調査』p.197 を基に作成。

注：1）大規模流通業者とは、小売業種の年間売上高が1,000億ウォン以上の者、売り場面積3,000㎡以上の店舗を小売業に使用する者と定義されており、百貨店、大型総合スーパー、SSMが該当する。
　　2）SSM（Super Supermarket）とは、大手流通企業が売り場面積1,000～3,000㎡規模のチェーン形式で運営するスーパーマーケットを指す。
　　3）農産物直売場（ローカルフード直売場）は2012年から2022年までの増加率を示す。

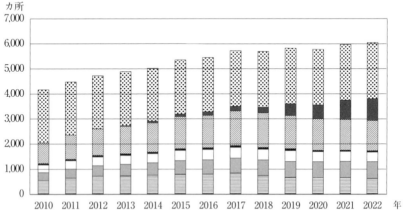

図3　親環境農産物販売店の推移（2010年－2022年）

出所）表3と同じ。

じ、最近は横ばい傾向（やや減少傾向）にある。こうした店舗数の減少は、
1人世帯の増加、HMR（Home Meal Replacement）の拡大、早朝配送と
いった流通トレンドの変化に伴うオンラインやモバイル購買が増加したこと
によるものである。

　一方、農協等が運営主体である農産物直売場「ローカルフード直売場」と
農協直営スーパー「農協ハナロマート」の販売店数は増加傾向をみせている。
農産物直売場数は、政府施策の影響により2012年3カ所から2022年866カ所
へと増加した。農協ハナロマートも、2010年2,124カ所から2022年2,238カ所
へと増加した。

　次に、親環境農産物販売店における親環境認証製品[7]の売上高をみると、
全体売上高は2010年7,164億ウォンから2015年13,305億ウォンへとピークを迎
えたが、以後は減少し、2022年9,935億ウォン（前年対比2.1％）まで減少し
た（表4および図4）。販売店類型別にみると、親環境専門店は2010年982億
ウォン（全体の14％）から2019年2,320億ウォンまで増加したが、同年をピー
クに売上高は減少し、2022年1,591億ウォン（全体の16％）となっている。
一方、生協は2010年3,231億ウォン（45％）から2015年6,271億ウォン（47％）
まで増加したが、以後は減少傾向に転じ、2022年には2,728億ウォン、27％
の割合となっている。

　大規模流通業者の大型総合スーパーは、2010年1,438億ウォン（20％）から、
2015年2,126億ウォンまで増加したが、最近は減少傾向をみせており、2022
年1,911億ウォン、全体売上高に占める割合は19％となっている。SSMも、
2010年498億ウォン（7％）から2015年1,730億ウォン（13％）まで大幅に増
加したが、以後減少し、2022年1,011億ウォン、10％の割合を占めている。
一方、百貨店は、2010年親環境認証製品の売上高は715億ウォン、全体に占
める割合は10％から2022年には386億ウォン、4％へと半減した。

　農産物直売場と農協ハナロマートにおける親環境認証製品の売上高は、全

（7）親環境認証製品には親環境認証を受けた親環境農産物および畜産物、加工食
　　品等が含まれる。

第3部　韓国における有機農業・農産物のフードシステムの動向と課題

表4　親環境農産物の販売店類型別の売上高の割合（2010-2022年）

単位：億ウォン、%

区　分	販売店類型	2010年 売上高	割合	2015年 売上高	割合	2020年 売上高	割合	2022年 売上高	割合
親環境専門業者	親環境専門店	982	14	1,778	13	1,605	18	1,591	16
	生協	3,231	45	6,271	47	2,875	33	2,728	27
	小計	4,213	59	8,049	60	4,480	51	4,319	43
大規模流通業者	大型総合スーパー	1,438	20	2,126	16	1,642	19	1,911	19
	百貨店	715	10	863	6	429	5	386	4
	SSM	498	7	1,730	13	910	10	1,011	10
	小計	2,651	37	4,719	35	2,981	34	3,308	33
農協等	農産物直売場	-	-	166	1	714	8	401	4
	農協ハナロマート	300	4	371	3	70	1	54	1
	小計	300	4	537	4	784	9	455	5
オンライン(注)		-	-	-	-	491	6	1,853	19
合　計		7,164	100	13,305	100	8,736	100	9,935	100

出所）韓国農水産食品流通公社（2023）『親環境農産物の消費者認識および販売店の現況調査』p.200のデータを基に作成。
注：オンラインでの売上高は2020年から調査しているため、以前のデータが存在しない。

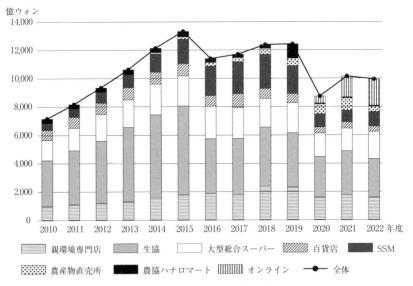

図4　親環境農産物の販売店類型別の売上高の推移（2010年-2022年）

出所）表4と同じ。

140

体売上高の10％と推定され、農産物直売場は2012年6億ウォン（0.1％）から2022年401億ウォン（4％）に、農協ハナロマートは2010年300億ウォン（4％）から2022年54億ウォン（1％）へと、それぞれ推移している。

一方、最近ではオンライン専用ショップでの親環境認証製品の売上高が、2020年491億ウォン（6％）から2022年1,853億ウォン（19％）へと大幅な成長をみせている。これに加え、親環境専門店や生協、大型総合スーパー、SSMのオンラインモールの売上高も増加している[8]。

すなわち、2022年現在、親環境認証製品の売上高は全体的に減少傾向にあり、親環境認証製品の売上高と全体に占める割合は、親環境専門業者「親環境専門店、生協」が4,319億ウォン（43.5％）、大規模流通業者「大型総合スーパー、百貨店、SSM」が3,308億ウォン（33％）、オンライン1,853億ウォン（19％）、農協等「農産物直売場、農協ハナロマート」は455億ウォン（5％）となっていることから、親環境専門店や生協、大型総合スーパーによるオープン・マーケットの進展とともに、オンライン市場の拡大が顕著に表れている。

とりわけ、親環境専門店と生協に関しては、店舗数や全体売上高の増加とは相反して、2018年以降の親環境認証を受けた製品の売上高の割合が2018年49.2％から2022年39.2％へ減少した（5年間の年平均増加率は−5.5％）。生協はこうした傾向がより強く表れており、5年間の年平均増加率−12.6％で、2018年37.9.％から2022年22.1％へと減少した（表5）。

次に、2022年親環境認証製品の品目別・流通経路の割合をみると、加工食品を除くすべての品目（糧穀、野菜、果物、畜産物）は生協の割合が最も高い（表6）。糧穀は、生協が54.7％、親環境専門店26.4％、大型総合スーパー17.7％を占めており、野菜は生協が50.3％と最も割合が高く、次いで大型総合スーパー27.6％、親環境専門店11.4％、SSM9.3％の順となっている。果物に関しては、生協が55.3で最も高く、大型総合スーパー19.5％、親環境専

（8）2022年の調査結果によると、オンラインモールにおける親環境農産物売上高の割合は、親環境専門店11.2％、生協23.1％、大型総合スーパー10.3％、SSM2.3％、百貨店0％の結果であった。

141

第3部　韓国における有機農業・農産物のフードシステムの動向と課題

表5　親環境専門業者における親環境認証製品の売上高の割合
（2018-2022年）

単位：億ウォン、%

販売店類型	2018年	2019年	2020年	2021年	2022年	5年間の 年平均増加率
親環境専門店	49.2	50.1	40.8	42.9	39.2	-5.5
生協	37.9	35.1	21.9	24.1	22.1	-12.6

出所）韓国農水産食品流通公社（2023）『親環境農産物の消費者認識および販売店
　　　の現況調査』p.182、p.184のデータを基に作成。
注：親環境認証製品の売上高には、親環境認証を受けた親環境農産物および畜産物、
　　加工食品等が該当する。

表6　親環境認証製品の品目別・流通経路の割合（2022年）

単位：%

区　分	親環境専門店	生協	大型総合スーパー	百貨店	SSM
糧穀	26.4	54.7	17.7	0.1	1.1
野菜	11.4	50.3	27.6	1.4	9.3
果物	14.5	55.3	19.5	8.3	2.4
畜産物	10.2	84.5	3.7	0.5	1.1
加工食品	42.4	11.5	28.8	6.7	10.6
非食品	0.7	0	98.5	0.5	0.3
その他	100	0	0	0	0

出所）韓国農水産食品流通公社（2023）『親環境農産物の消費者認識および販売店の
　　　現況調査』p.202のデータを基に作成。
注：金額に加重値を適用し、算出した値である。

門店14.5%、百貨店8.3%の順となっている。畜産物は生協の割合が84.5%、
親環境専門店10.2%で生協による供給が圧倒的に多い。加工食品は親環境専
門店が42.4%と最も割合が高く、次いで大型総合スーパー28.8%、生協
11.5%、SSM10.6%、百貨店6.7%の順となっている。

　以上、販売店類型別に取扱い品目の特徴としては、生協と大型総合スー
パーは相対的に野菜の割合が高く、親環境専門店は加工食品、百貨店は果物
と加工食品の割合がそれぞれ高い。

4）学校給食への供給拡大

　近年、親環境農産物の最大供給先として挙げられるのが学校給食である。

142

第8章　韓国における親環境農産物流通の拡大とその要因

2000年代に入り一部の自治体を中心に取り組みが始まった親環境農産物の学校給食事業は、2017年現在、全国の小・中学校・高校の計11,800校で実施されている（教育部，2017）。

(1)　学校給食への親環境農産物供給の導入過程

　韓国における学校給食は、2003年より全国の小・中学校・高校にて全面的に開始され、学校給食における食材の安全性に対するニーズが高まった。その契機となったのが2003年と2006年に学校給食で起きた集団食中毒事件[9]である。その後、委託給食の提供形態と給食食材の質が問われ、学校給食法が改正された。2003年の法改正では、地方自治体の給食支援条項が新設されるとともに、質の高い食材の供給に対する自治体の支援を明文化した「学校給食支援条例」の導入に向け、市民運動が展開された。2006年の学校給食法の改正では、学校給食の運営が原則直営化されるとともに、学校給食支援センターの設置が定められた。その結果、現在では学校給食の運営は、直営が97.8%（11,542校）を占めている。

　これに加え、2010年地方選挙の公約として'学校給食の無償化'が登場したことを契機に、学校給食の公益性に対する社会的関心が高まった。学校給食が教育の一部であること、差別のない教育福祉と児童・生徒の人権保障、食に対する平等（right to food）といった観点から、一部の地方自治体で「学校給食支援条例」が制定され、無償給食が導入された。2016年時点で全国の8,639校（74.3%）で実施されている。また、無償給食により、地方自治体と教育庁の学校給食費に対する支援が拡がるとともに、学校給食の公益性がより重視されるようになり、その材料として、同じく公益性が高いとみなされる親環境農産物の利用を条例化する動きが進展した。2017年現在では学校給食費の保護者負担は25.3%と、2008年の67.0%に比べて大きく軽減した一方、教育庁と自治体の公的資金の負担割合が72.1%と高く、親環境農産物

（9）2003年に全国43校で4,130人、2006年に首都圏46校で約3,613人の集団食中毒が発生した。

143

第3部　韓国における有機農業・農産物のフードシステムの動向と課題

表7　学校給食予算の負担主体別内訳（2017年）

単位：億ウォン、％

費　　　目	金　　額	割　　合
教育費特別会計	31,655	53.6
自治体支援金	10,925	18.5
保護者負担金	14,972	25.3
発展基金・その他	1,536	2.6
合　　　計	59,088	100

出所）教育部「2017年学校給食実地現況」、p.2を基に作成。

が公益性の高いものとして位置づけされていることを表している（表7）。

（2）学校給食の親環境農産物の供給状況

　2017年の学校給食の食材費予算額は3兆1,172億ウォンであるが、韓国農水産食品流通公社の調査結果によると、2017年の農産物供給額全体は9,129億ウォン（137,558t）で、うち親環境農産物供給額は5,024億ウォン（79,339t）と55.0％を占めている（同市場の37％を占有）。また、表8に示すように学校給食の農産物需要全体に対し、現在の親環境農産物の供給は、米、玉ねぎ、ジャガイモ、ニンジンが過半を占めている。今後、学校給食における親環境農産物の需要が増えるとした場合でも、米、玉ねぎ、ジャガイモ、ダイコン、

表8　親環境農産物の生産量と学校給食の需要量（2017年）

単位：t、％

品目	学校給食への親環境農産物の現在の供給 （A）	学校給食の農産物需要全体 （B）	親環境農産物の生産量 （C）	学校給食における親環境農産物の現在の供給割合 （A/B）	学校給食における親環境農産物の潜在的供給割合 （C/B）
米	42,332	74,369	114,733	56.9	154.3
玉ねぎ	5,972	10,396	14,265	57.4	137.2
ジャガイモ	4,417	8,983	9,905	49.2	110.3
ダイコン	3,773	8,651	10,352	43.6	119.7
ニンジン	2,049	2,965	4,441	69.1	149.8

出所）農林畜産食品部「2018年親環境農産物の流通実態および学校給食の現況調査報道資料」を基に作成。

第8章　韓国における親環境農産物流通の拡大とその要因

ニンジンなど主要5品目は潜在的供給力が100％を越えている。なお、ここで示した品目以外にニンニク、ネギ、カボチャ、キュウリなども同様に潜在的供給力が高い。これらのことから、学校給食における親環境農産物の供給は今後も拡大する余地があると評価できる。

(3) 学校給食の食材の調達方式

　学校給食の食材の調達方法は、学校単位の個別購買方式と地域単位の共同購買方式に大別される。前者は、学校の入札を通して、供給業者を選定し、供給契約を結ぶ仕組みである。最近では、学校給食の入札時にサイバー取引所[10]を利用している学校が多く、2018年2月現在、4,427校で利用されている。後者は、自治体や地方公社が直営または委託により学校給食に関わる取扱い品目の受注・発注、流通などの管理・運営を行っている。全国245自治体のうち、89自治体と6つの広域自治体が学校給食センターを運営しており、3,595校で利用されている。学校給食への食材調達は事前契約かつ大量という特徴がある。よって、供給業者は産地の生産者組織や農協、卸売市場などから安定的に調達できる産地化や組織化に努めている。

　また、農産物220品目、畜産物41品目、水産物61品目を取り扱う国内最大規模のソウル市学校給食センターが2010年に江西卸売市場内に整備された。2018年12月現在、市内876校に1日平均107tの食材を供給している。同センターは、卸売市場に立地することで多品目かつ大量の食材調達を可能とした（全体の約7割が親環境農産物）。主要機能は給食食材の発注と、産地供給業者から送られてきた親環境農産物の検品・検収と安全な食材の安定供給ある（図5）。畜産物や水産物に関しては同センターを経由せず、産地から直接学校に届く仕組みとなっている。

　同センターは、全国道別の産地組織と契約を締結し、生産者の安定的な販

---

(10)韓国農水産食品流通公社が運営している学校給食の電子調達システムで、農水産物の卸売取引をインターネットで仲介している。

145

第3部　韓国における有機農業・農産物のフードシステムの動向と課題

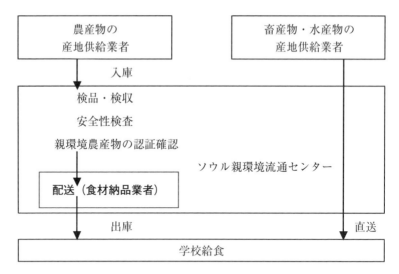

図5　親環境農産物の生産量と学校給食の需要量（2017年）
出所）ソウル親環境流通センターHPより作成。

路としての役割も果たしている。また、卸売市場の価格と産地の状況などを踏まえて親環境農産物の価格を設定、公表しているが、最大規模の学校給食センターであることから、同センターが公表する価格が基準価格として扱われている。加えて、学校給食向け親環境農産物の供給増加は、卸売市場における親環境農産物の取り扱いを促しており、2007年の3,654億ウォンから、2012年には7,990億ウォンへ増加した。その後2015年にかけて急激に減少したものの、再び増加傾向に転じており、親環境農産物を取り扱う仲卸業者も増加した。こうした卸売市場における親環境農産物の取引は、価格相場の形成と生産者にとって出荷販路の選択肢となり、生産拡大への意欲を高める効果があると考えられる。

4．結論と考察

　以上の調査結果より、韓国における親環境農産物流通の拡大要因は、親環境農産物の小売店舗展開によるオープン・マーケット化の進展と学校給食需要の拡大の2点となる。前者に関しては、2001年認証制度の導入後、早い段階から流通主体の戦略と政策的な後押しにより、親環境農産物を取り扱う小売・店舗が増え、オープン・マーケット化が進み、消費者の親環境農産物へのアクセスが容易になったことが、消費者の市場認知の向上と流通拡大に貢献したと考えられる。一方で、2010年代半ば以降から大型スーパーや量販店、親環境専門店での親環境農産物の売上高は停滞・縮小傾向になっていることから、小売店での親環境農産物の販売や消費を促進する制度的・政策的措置が不可欠である。

　後者の学校給食需要に関しては、2003年以降のWell-beingトレンドや食品スキャンダルに対する忌避を背景とした安全・安心な農産物に対する消費者ニーズなど、親環境農産物を嗜好品でかつ高級財としてみなす需要とは異なる。むしろ、学校給食における親環境農産物は、条例化と公的資金による調達を背景とした公共財の性格が強い。こうした親環境農産物の新たな価値の登場と定着が流通の拡大に寄与したと評価できる。現在も子供たちへの安全な食材を供給しようとする機運の高まりもあり、学校給食への親環境農産物の活用が進められている。なお、こうした学校給食による親環境農産物の安定的な供給先の発掘は、生産農家の生産意欲へのインセンティブとして働くと考えられる。

　一方で、学校給食による消費需要の拡大は、学校給食への同農産物の集中を招き、市場全体から一定規模以上の消費拡大が見込めないという課題がある。さらなる市場拡大にむけては、学校給食以外の流通を促す措置が必要である。また、学校給食は、民間供給業者やサイバー取引所、学校給食センターを媒介しているが、受注後の納品は、各供給業者から直接学校に届ける

第3部　韓国における有機農業・農産物のフードシステムの動向と課題

仕組みを取っているケースもあり、検収・検品の段階が存在しないケースも見受けられる。このため、食材の品質や安全性をチェックできる体制づくりが必要である。併せて、近年、地域農業の振興を目的に地場産農産物の学校給食への供給を促す動きもみられる。これにより親環境農産物の需要低下を招かぬよう、安全な食材としての立ち位置を強固にする必要がある。

　付記：本章は、李裕敬・川手督也・佐藤奨平（2020）「韓国における親環境農産物流通の拡大要因と課題—親環境農産物の学校給食への供給を中心に—」『フードシステム研究』第26巻4号、pp.343-348及び李裕敬（2024）「韓国における親環境農産物を用いた学校給食の現状と課題」『フードシステム研究』第31巻2号、pp.96-104を基礎とし、大幅な加筆を行った（日本フードシステム学会・2024年9月15日許諾）。

参考文献
チェビョンオク・キムホ・イギヒョン（2014）「親環境農産物の流通経路別の取扱比重と特性分析」『韓国有機農業学会誌』22（1）、pp.25-46（韓国語）。
鄭銀美（2005）「韓国における親環境農業政策の展開と意義」『農林業問題研究』41（2）、pp.14-25。
鄭銀美（2007）「親環境農産物市場の流通主体と競争構造」『韓国有機農業学会誌』15（2）、pp.151-169（韓国語）。
チョヘヨンら（2013）「学校給食支援センターの現況および発展のための提言」『食品流通研究』30（3）、pp.139-165（韓国語）。
チョンハギュンら（2018）「2018年国内外親環境農産物の市場現況と課題」『農政フォーカス』169（3）、pp.1-120（韓国語）。
ホスンウク（2006）「親環境農産物の学校給食の発展過程および推進方向」『韓国有機農業学会誌』14（1）、pp.41-53（韓国語）。
黄在顕・柳徳基（2010）「韓国における親環境農産物のマーケティング活性化に関する研究」『The Journal of Korean Economic Studies』9、pp.29-41（韓国語）。
ファンユンぜら（2012）『学校給食の親環境農産物の安全性管理方案』、韓国農村経済研究院（韓国語）。
グックスンヨン（2012）「学校給食の食材供給の実態と改善方案」、KREI農政フォーカス24（韓国語）。
韓国農水産食品流通公社（2018）『親環境農産物の消費者態度調査』韓国農水産食

148

品流通公社、pp.23-40（韓国語）。

韓国農水産食品流通公社（2023）『親環境農産物の消費者認識および販売店の現況調査』韓国農水産食品流通公社、pp.173-216（韓国語）。

キムホら（2010）「親環境農産物消費者の消費および意識実態に対する分析とマーケティング戦略樹立に対する示唆」『食品流通研究』27（3）、pp.43-62（韓国語）。

金昌吉ら（2012）『親環境農食品の生産・消費実態と市場展望』政策研究報告、pp.1-107（韓国語）。

教育部（2018）「2017年度学校給食実施現況」統計資料（韓国語）。

李哉汯・岩本泉・豊智行（2013）「小売主導により進むイタリアの有機農産物マーケットの特徴―オープン・マーケットが有機農業の成長に与える影響―」『農業市場研究』22（2）、pp.11-21。

農林畜産食品部（2018）「報道資料」『2018年親環境農産物の流通実態および学校給食の現況調査』（韓国語）。

小川孔輔・酒井理（2007）『有機農産物の流通とマーケティング』、2007、農文協。

パクヒョンテ・ガンチャンヨン・チョンウンミ（1999）『親環境農産物の流通改善方向』韓国農村経済研究院. pp.33-37（韓国語）。

ユヒョンジョン（2006）「ウェルビーイングトレンドに対する消費者意識およびウェルビーイング行動」『韓国生活科学誌』15（2）、pp.261-274（韓国語）。

内山智裕・李哉汯（2006）「韓国における親環境農産物流通の現状と課題」『農林業問題研究』42（1）、pp.165-169。

第9章　韓国の学校給食における親環境農産物の供給体制と意義

李　裕敬*・山田　崇裕**・川手　督也*・佐藤　奨平*
*日本大学生物資源科学部・**東京農業大学

Youkyung LEE, Takahiro YAMADA, Tokuya KAWATE, Shohei SATO

*College of Bioresource Sciences, Nihon University

**Tokyo University of Agriculture

1．はじめに

　韓国農政において有機農業は、親環境農業政策の一環として進められている。親環境農業とは、環境への優しさを強調する韓国独自の表現に基づく政策的な用語を指す。当初は、有機栽培と特別栽培の双方を含んでいたが、2015年以降、親環境農業より生産された農産物の認証の種類は「有機」と「無農薬」の2種類に限定されている（李，2020）。親環境農業の取組面積は2022年70,127ha（有機39,624ha，無農薬30,503ha，全体農地面積の4.6％）で、前年に比べて5,308ha減少しており、ここ数年停滞が続いている[1]。

　こうした中、農林畜産食品部の「第5次親環境農業育成5カ年計画」は親環境農産物の消費・生産を牽引するシステムの構築に向けて給食市場の拡大を目標に挙げている。農林畜産食品部（2019）によると、親環境農産物は生産地から主に地域農協（37.6％）、生産者団体（10.8％）、専門流通業者（10.0％）を経て、学校給食（39.0％）、大型流通業者（29.4％）、専門店および生協（19.2％）などを通して消費者に流通されている。すなわち、親環境

（1）2016年における親環境農業の取組面積の割合は4.8％で、うち無農薬認証が3.6％（有機認証1.2％）であったが、2020年にこれが逆転した。その要因として、無農薬から有機へ転換した農家や無農薬認証を取りやめる農家が増加したことと、新たに無農薬認証を取得する農家が減少したことが挙げられる。

農産物の最大の集荷先は地域農協、需要先は学校給食となっている。学校給食の2008年の数値が3.5％であったことを鑑みると、10年間で急成長した市場であることが読み取れる。

　こうした親環境農産物の学校給食への供給に関する研究として、主に2010年以降、各自治体において学校給食支援センターの導入に際して行われた調査の報告書がある。ソウル特別市学校保健振興院（2010）は、学校給食の運営主体として行政組織、地域の農協、生産者組織があることを提示し、地域の事情に合わせた主体と運営体制が望ましいこと、APC[2]など既存の物流施設を活用した広域物流と地域物流が相互に補完した体制が必要であることを提示した。また、地域農業ネットワーク（2010）は、親環境農産物に加えてGAP認証を取得した農産物を食材に認め、親環境農産物で調達できない品目の補完の必要性と学校給食の流通センターの運営主体として農協と生産者組織が望ましいと提示している。さらに学校給食の食材価格と関連して、An et al.（2018：p595）は、給食食材の地場農産物の周年統一単価や品質に対する改善が求められていることを提示している。Kim（2020）は忠清南道の学校給食支援センターにおける品目別・産地別の供給単価の比較から、道内自治体によって価格差が生じていることを指摘し、親環境農産物の具体的な価格基準、根拠を明示することが必要であると述べている。

　学校給食で使用される親環境農産物は、主に生産者組織と供給主体との契約栽培によって単価と数量が決まり供給がなされるが、市場価格との差異が発生した場合、契約履行に関わる問題が起こりうる。とりわけ、学校側は親環境農産物の単価が上昇すれば、購入可能な品目と数量が限定的となり、献立の構成に支障をきたす。このように、地域レベルで学校給食における持続的な親環境農産物の供給体制を維持するためには、収益確保を目的とする生産者も含め、供給主体と行政および学校との共益関係の構築が欠かせない。

（2）Agricultural Products Processing Centerの略。農産物の集荷・選別・包装・出荷等の全過程を遂行する複合流通施設で、運営主体は基本的に農協である。

第3部　韓国における有機農業・農産物のフードシステムの動向と課題

　以上を踏まえ、本章では有機農産物の新たな需要先として学校給食を活用
し、定着しつつある韓国の親環境学校給食の取組みについて述べる[3]。ま
た、韓国の首都であり、かつ産地を有していないソウル特別市と、典型的な
地方都市である全羅南道順天市を事例として、市場価格との差異の是正や価
格決定に関する基準等、学校給食における親環境農産物の供給体制ならびに、
こうした取組みが親環境農業の振興と親環境農産物市場の拡大において有す
る意義と課題を提示する。

2．韓国における親環境学校給食の現状

1）学校給食の実施状況

　2021年現在、韓国における学校給食は全国の小・中学校・高校（特殊高校
を含む）の計11,976校（実施率100％）で実施されている（教育部，2022）。
こうした高い実施率を実現した背景には、1998年大統領選挙の公約履行とし
て全国の小学校を対象に学校給食の導入を進めたことが挙げられる[4]。以
後、1998年から2002年まで高校、中学校へと対象範囲が拡大され、2003年に
は小・中・高で全面的に実施されるようになった。一方、短期間で導入を進
めたため、給食の運営形態は委託給食が中心となり、低価格食材の使用、食
品衛生問題の発生等、学校給食の質の低下を招いた。その結果、学校給食の
質に対する是正への声が高まり、一部の自治体では、親環境農産物や地場産
の優良な農産物などを学校給食の食材として利用することを定めた条例を制
定するケースも登場した（Heo，2006）。

　こうした状況を打開するため、2006年の「改正学校給食法」において学校

（3）学校給食の食材として親環境農産物を取り入れる給食を親環境学校給食と称
　　する。
（4）全国小学校における学校給食の実施率は当初25％から97.3％まで増加した。ま
　　た、高校は1998年13％から1999年96.3％へ、中学校は1998年10.5％から2002年
　　に88.7％へ増加した。

第9章　韓国の学校給食における親環境農産物の供給体制と意義

給食は直営給食を原則とし、食材の選定および購買・検収に関する業務は学校給食の条件上やむを得ない場合を除き、外部に委託してはならないと定められている[5]。その結果、給食の運営形態は食材の選定・購買・検収・調理・配食等の給食業務全般を学校が直接管理・運営する「直営給食」が11,743校（98％）で主流となっている[6]。残り233校（2％）では「委託給食」が行われているが、調理と配食業務のみ業者に委託する「一部委託」が190校（1.6％）で、給食業務全般を業者に委託する「全部委託」は43校（0.4％）と僅かである。

　2021年における学校給食費の全体予算額は6兆2,193億ウォンで、うち食材費は2兆9,613億ウォンと47.6％を占めている。また、負担主体別割合は教育庁68.4％、自治体24.2％、保護者5.0％、発展基金（寄付金）2.4％となっており、ほとんどが教育庁と自治体の公的資金により賄われている（教育部, 2022）。韓国では2007年に巨昌郡で始めて無償給食が導入され、その後、他地域でも次々と導入の動きがみられたが、2010年地方選挙を契機に殆どの自治体において本格的に普及・拡大された。現在では全国の小・中学校は基本的に無償給食が実施されており、高校は自治体によって実施状況が異なる。

（5）学校給食法第15条第1項では学校給食の運営方式について示しており、「学校の長は学校給食を直接管理・運営し、「小・中等教育法」第31条の規定に従い学校運営委員会の審議を経て一定要件を満たす者に学校給食に関する業務を委託することができる。ただし、食材の選定および購買・検収に関する業務は学校給食の与件上、やむを得ない場合を除き、委託してはならない」と定められている。

（6）学校給食の運営形態は、直営給食と委託給食に区分している。直営給食は食材の選定および購買、検収、調理、配食、洗浄業務を学校で直接管理・運営する方式を指す。委託給食は一部委託と全部委託があり、一部委託は食材の選定および購買、検収に関する業務は学校が担当し、調理と配食、洗浄業務のみ業者に委託する方式を指す。全部委託は、学校敷地内の給食施設を外部業者が利用し、給食業務全般を担当する方式（校内運営委託）と、外部業者が食品加工場などで調理された食事を搬入し、配食する方式（外部運搬委託）がある（教育部, 2014）。

153

2）親環境学校給食の実施状況

　学校側の学校給食の安全性確保、生産者側の親環境農産物消費先の確保による生産基盤造成の観点から、各自治体においては学校給食の食材として親環境農産物の利用を促す事業が行われている。一方、その事業の対象は親環境農産物のほか、地場農産物やNon-GMO等が該当し、自治体によって様々な形態で行われている。教育部のガイドライン（2014）では学校給食支援センターの設置・運営を推奨しており、2021年現在、広域・基礎自治体を含め計243自治体のうち、93自治体において学校給食支援センターが運営されている。その類型と設置箇所は部分委託型（61カ所）、統合直営型（13カ所）、行政型（15カ所）、統合委託型（4カ所）の順となっている[7]（農林畜産食品部ら，2021）。

　農林畜産食品部・韓国農水産食品流通公社（2022）によると、学校給食に占める親環境農産物の供給割合（供給量基準）は2021年69.8％と前年の74.4％に比べて減少したものの全体の7割を占めている[8]。一方、地域別にばらつきがあり、光州広域市、釜山広域市では99％を超えるが、世宗特別自治市は9.8％と低い。道別には全羅南道（92.4％）、全羅北道（91.7％）は高い一方、忠清北道（21.1％）、慶尚南道（35％）、江原道（35.1％）は低い。こうした地域差は、各自治体の事業推進に対する方向性や財政状況、地域に

（7）ガイドラインでは、行政機能と物流機能を担う主体別に統合直営型（行政機能と流通・下処理等の流通機能を統合し、地方自治体が直接運営する類型）、統合委託型（行政機能と流通機能を非営利団体に委託する類型）、部分委託型（学校給食支援センターを設置し、自治体が直接運営し、流通機能は他の事業者に委託する類型）、行政型（自治体は行政機能（供給業者の認証、指導・監督業務のみ遂行）のみ担当し、学校給食支援センターの流通機能は食材供給業者等が担当する類型）を示している。

（8）親環境学校給食における全体農産物供給量は2019年まで増加し続けた。しかし、新型コロナウィルス感染症拡大の影響でほとんどの学校が休校、自宅でのオンライン学習を余儀なくされたことで2020年に一旦半減し、2021年には回復基調に転じている。

おける親環境農産物を集荷・供給する体制の構築状況が関わっている。

3．ソウル特別市の取り組み

1）親環境無償給食事業の導入と展開

　2023年現在、ソウル特別市では教育機関の無償給食を通じた普遍的な教育福祉の実現および保護者の負担軽減、安全かつ高品質の食材使用による給食の質の向上と生徒の健康増進を図るため、学校給食の食材として親環境農産物を供給する「親環境無償給食」事業が実施されている。この無償給食は教育庁、ソウル特別市、市内各区の公的資金により行われている。また、当該事業は「学校給食法」第8条および「ソウル特別市親環境学校給食等支援に関する条例」に基づいている。

　ソウル特別市の親環境無償給食事業は、2011年小学校5～6年生を対象としたことを皮切りに、対象範囲を年々拡大し、2021年にはソウル市内すべての小・中学校・高校（特殊高校を含む）で実施することになった。2023年現在、市内計1,357校、809,759名を対象として、学期中の平日昼食費を、小学校192日、中学校180日、高校173日、特殊学校192日の日数で算出、交付している。交付単価は、小・中学校・高校および公立学校、国・私立学校によって3,778ウォン～6,519ウォンの範囲に設定されている（表1）。事業費総額は6,840億8,100万ウォンで、負担主体と割合は市（30％）、区（20％）、教育庁（50％）である。

表1　ソウル特別市における親環境無償給食の交付単価

単位：ウォン

区分	小学校		中学校		高等学校	
	公立	国・私立	公立	国・私立	公立	国・私立
交付単価	3,778	5,466	4,153	6,200	4,343	6,519

出所）ソウル特別市平生教育局（2023）「2023年親環境学校給食支援計画」資料を基に作成。

注：公立学校の人件費は教育庁が全額負担するため、交付単価が異なる。

第3部　韓国における有機農業・農産物のフードシステムの動向と課題

　市内各学校における親環境農産物など食材の調達方法としては、ソウル親環境流通センターを通じた調達、韓国農水産食品流通公社が運営するサイバー取引所を通じた電子調達、生産者団体または民間供給業者を通じた直接調達があるが、近年では、ソウル親環境流通センターの利用が主流となっている。

２）ソウル親環境流通センターの概要

　ソウル親環境流通センター（以下、流通センターと略称）はソウル農水産食品公社の傘下組織であり、同市から学校給食の業務委託を受け、市内の学校に安全で高品質の食材を安定的に供給する役割を果たしている。2009年に市内62校を対象に親環境農産物等を学校給食に取り入れるモデル事業を契機に、2010年に産地から食材を調達し、学校に供給する流通組織（江西１センター）を江西卸売市場内に設置した。次いで、2011年に江西２センター、2015年に可樂センター（可樂卸売市場内）を開設し、市内1,300校に供給可能なキャパシティーを確保している。流通センター内には低温倉庫と安全性検査室を設け、食材の鮮度や衛生、安全性管理（精密検査法）を徹底している。

　2023年７月現在、市内1,103校に食材を供給しており、１日の供給量は123tにも及ぶ。流通センターを利用する学校数は市内学校全体の80％で、特に国公立の小・中学校の利用率がそれぞれ99％・83％と高い。一方、私立学校の利用率は、小学校67％、中学校33％、高校41％と、従来の民間給食業者から食材を調達している学校が比較的多く存在している。

３）ソウル親環境流通センターの主要業務

　流通センターの主要業務としては、まず、学校給食の食材、いわゆる農産物、水産物、畜産物の供給と配送体系の構築に関わる業務を担当している。具体的には、食材の供給業者と納品業者の選定・契約・評価・管理を行っている。次に、給食事業の円滑な運営を目的とする親環境給食の食材管理運営

156

委員会を構成し、組織運営を担っている。ここでは、利用学校に対する満足度調査など利用評価、食材管理費の決定と徴収、産地と連携した体験プログラムの運営等を行っている。さらには、安全性検査および品質管理を担当しており、給食食材の品質確認と安全性検査、産地の開発と管理、基準に適さない食材の出荷者および流通業者に対する制裁などの業務を管轄している。

4）ソウル親環境流通センターの供給体制

親環境農産物の調達は、流通センターが供給業者として選定された生産者団体との契約栽培を行い、年間品目別の供給量を配分している。納品価格は、毎年2月と8月に決め、基本的に慣行栽培の1.3倍程度に設定し、半期ごとの固定価格としている。こうした産地の生産者組織との契約栽培により、学校給食の安全性と安定性を確保するとともに、生産者には安定的な販路を提供している。

流通センターに集荷された農産物は、検品・検収、安全性検査を受けた後、各学校向けのピッキング作業が行われる。また、各学校への配送は、加工食品など一般食材を取り扱う納品業者によって行われる。食材代金の支払は、月単位で行われており、学校が流通センターに代金を支払うと流通センターから生産者団体と納品業者に代金（食材管理費を控除）が支払われる。

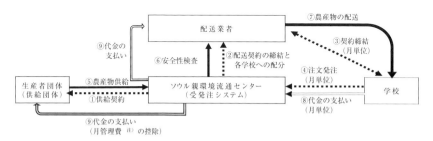

図1　ソウル親環境流通センターにおける親環境農産物の供給体系

出所）ソウル親環境流通センターの内部資料を基に作成。
注：食材別に野菜3.15％、果物2.8％、加工品2.1％、糧穀1.05％の管理費を供給業者が負担する。

図2 羅州市農協共同事業法人による親環境農産物の調達・供給の仕組み
出所）ヒアリング調査に基づき筆者作成。

　同流通センターは、市内の学校給食の取扱量が全国最大規模であることから、供給業者選定には公正性を考慮し、各道に1生産者団体（コンソーシアム含む）を選定して、主産地別に品目と供給量を割り当てるとともに、供給契約期間を3年間に定めている[9]。2023年現在の供給業者は、選定されている9生産者団体のうち、5団体が地域農協である。また、糧穀は有機米産地から6団体が選ばれ、うち4団体が農協である。これらのことから、産地では地域の農協を中心とする親環境農産物の生産が展開されていることが伺える。

　また、地域の農協がソウル市への親環境農産物の供給体制を構築することによって地域内の生産拡大を促している。一例として、供給業者である羅州市農協共同事業法人の場合、市内14単位農協の組合農家（305農家、57品目）と契約栽培を通じて親環境農産物を調達し、羅州市内の学校給食（供給割合44%）、ソウル市学校給食（49%）、全羅南道外の給食業者等（7%）へ供給している（図2）。

5）学校給食における親環境農産物の供給状況

　2022年、流通センターの供給実績（供給量基準）は年間23,463tで、農産物70%、畜産物22%、水産物8%となっている[10]。また、学校給食におけ

---

(9) 親環境農産物のほか、一般農産物10業者、加工食品等23業者、畜産物18業者の納品業者を選定し、食材を調達している。
(10) 供給額基準では、年間2,188億ウォンで、その割合は農産物47%、畜産物36%、水産物17%となっている。

第 9 章　韓国の学校給食における親環境農産物の供給体制と意義

表 2　親環境農産物の品目別供給割合（2019 年末基準）

単位：トン、%

	全　体（①＋②）		親環境農産物①		慣行農産物②	
	供給量	割合	供給量	割合	供給量	割合
合　計	15,864	100	9,917	63	5,947	37
果実類	2,723	17	530	19	2,193	81
調味野菜類	2,301	15	1,796	78	505	22
果物果菜類	1,302	8	620	48	682	52
葉茎菜類	1,839	12	1,173	64	666	36
芋類	1,213	8	775	64	438	36
糧穀類	2,134	13	2,022	95	112	5
きのこ類	477	3	417	87	60	13
根菜類	1,396	9	1,018	73	378	27
果菜類	835	5	403	48	432	52
洋菜類	443	3	232	52	211	48
豆菜類	711	4	711	100	0	0
ナッツ類	35	0	17	49	18	51
その他野菜	206	1	49	24	157	76
農産物その他	249	2	154	62	95	38

出所）ソウル親環境流通センター内部資料を基に作成。
注：果物果菜類はイチゴ、スイカ、トマトなど果菜類のうち果物と認識される品目が
　　該当する。
　　果菜類はキュウリ、ズッキーニなどの野菜類、その他野菜はゼンマイ、桔梗、ト
　　ウモロコシなどが該当する。

る親環境農産物の供給割合は行政から70％以上の利用が推奨されているもの
の、55％と、2015年の67％から減少傾向にある[11]。畜産物は、無抗生剤等
級の割合が53％と、品目別には牛肉9.9％、豚肉53％、鶏肉75％、鶏卵100％
と単価によって使用率に差が生じている。さらに、親環境農産物の品目別の
供給割合を2019年の実績からみると（表 2 ）、豆菜類100％、糧穀類95％、き
のこ類87％、調味野菜類78％、根菜類73％と高い一方、果実類19％、その他
野菜24％と 3 割にも至らず、品目ごとにばらつきがある。
　親環境農産物の調達状況と関連して契約栽培団体別の供給履行率をみると、

(11)2021年教育庁の調べによると、ソウル市全学校の学校給食における親環境農
　産物の利用率は62.2％である。

第3部　韓国における有機農業・農産物のフードシステムの動向と課題

表3　学校給食の上位供給品目の契約履行率

上位供給量ランキング	品目	契約履行率（％）
1位	玉ねぎ	94.3
2位	大根	89.5
3位	じゃがいも	83.2
4位	人参	96.2
5位	キャベツ	91.5
6位	ネギ	89.1
7位	スイカ	71.6
8位	ズッキーニ	76.4
9位	キュウリ	78.2
10位	にんにく	87.8
平　均		88.2

出所）ソウル親環境流通センター内部資料を基に作成。

2022年基準で全体平均85.2％（最高値100％、最低値72.7％）と、2019年の94.4％より減少したものの、概ね安定した調達体系を構築している[12]。供給履行率が低い理由は、主にいちごやぶどうなど果物の供給で発生しており、作況の影響によるものである。

　また、供給量が多い上位10品目の契約履行率（表3）も平均88.2％で、1位から3位までの玉ねぎ94.3％、大根89.5％、じゃがいも83.2％を見ても、親環境農産物の安定的な調達体制が整いつつあるといえる。

　さらに、2022年親環境農産物のうち、有機農産物の割合は、供給量基準22.5％（供給額基準21.5％）と、2019年の13％より多くなったものの、未だ低い水準にある。有機農産物の割合が低い原因としては、単価（慣行栽培より30％～50％高い）と品質（外見、大きさ、不揃い等）が挙げられている。現在、学校給食用として供給される親環境農産物は一般農産物（慣行栽培）の標準規格「上級」に相当する。事業開始当初は学校の栄養士や調理場ス

---

(12)新型コロナウィルス感染症の拡大に伴う学校の休校により、学校給食向けに親環境農産物を生産していた農家の離脱や生産を縮小するケースが発生したことによる。

第9章　韓国の学校給食における親環境農産物の供給体制と意義

タッフから品質や規格に関するクレームが多発したが、生産者との交流会を
重ね、双方の理解を踏まえた「親環境農産物の学校給食マニュアル」のなか
で規格基準が定められるようになった。

4．全羅南道順天市の取組み

1）順天市における親環境学校給食の導入と展開

　順天市は、韓国で親環境農業の取組面積の割合が最も多い、全羅南道東部
に位置している人口約28万人規模の地方都市である。同市における2021年親
環境農業の取組面積は1,820ha（1,372戸）と市全体農地面積の14％を占める。
特に有機認証面積は2016年167ha（69戸）から2021年1,282ha（849戸）へと
顕著な増加傾向をみせている。この背景には、同市の親環境農業に対する積
極的な支援がある。「親環境農業計画」に基づき、2005年から農家に対して
親環境農業に関する教育を通しその必要性を啓発するとともに、インフラ整
備にも財政支援を積極的に行った。具体的には、親環境農業に取り組む農家
に対して、親環境農産物認証費用の補助（80％～100％）や、市独自予算
（道20％、市80％）を用いた親環境直接支払金の給付を継続している。国全
体の予算による直接支払いは、有機栽培の場合で計5年間（その後は給付額
が50％削減）、無農薬栽培の場合、計3年で終了することから、市の独自予算
を設けることで親環境農産物を生産する農家にとって経営的な負担が軽減す
る。

　順天市は、韓国で親環境農産物を取り入れた学校給食の事例としてパイオ
ニア的存在である[13]。同市では2003年11月に「順天市学校給食の食材使用
および支援に関する条例」を制定し、市内学校給食の食材として親環境農産
物の供給に関する法的根拠を整備することで、行政支援の継続性を確保し
た[14]。当時の市政において日本の地産地消に因んだ'順生順消'スローガン

---

(13) 順天市の親環境学校給食事業は、2007年教育人的資源部と監査院の学校給食
　　の優良事例に選ばれるなど、先駆的事例と評価されている。

161

第3部　韓国における有機農業・農産物のフードシステムの動向と課題

の下、地域で生産された親環境農産物等の販路確保の一環として導入された
のが親環境学校給食事業である。この条例に基づき、2004年10月から市内学
校給食に市内で生産された親環境農産物を優先的に供給している。

　この事業は開始当初より全羅南道と順天市の予算によって行われ、管内の
小・中学校、高校の計100校に対して親環境農産物11品目が供給された。
2022年現在では、市内すべての小・中学校・高校および幼稚園、保育施設で
は無償給食が行われており、学校給食の食材として親環境農産物が供給され
ている(15)。学校給食に関わる費用は、人件費、機材等運営費、食材費の3
つに大分されるが、人件費と機材等運営費は教育庁の交付金のみで、食材費
は教育庁（無償給食費）と自治体（無償給食費と親環境給食費）の交付金で
運営されている。また、食材費の負担割合は教育庁が30％、自治体（市・
道）が70％となっている。無償給食費は教育庁から学校に直接支給され、一
般食品、水産物など購入品目に制限がなく、必要な食材を入札方式で調達し
ている。一方、親環境給食費は地場産の親環境農産物および畜産物のみ購入
が可能で、指定供給業者の順天農協から調達している。代金は供給実績に基
づき市から順天農協に支払われる仕組みとなっている。また、親環境農産物
の使用を促すため、無償給食費から親環境農産物を購入する金額に応じて、
親環境給食費の交付金が受けられる仕組みを設けている(16)。

---

(14)第2条第2項では学校給食に供給する農産物を、「優秀な農産物とは、遺伝子
　組み換えではない農・水・畜産物とこれらを原料とした加工食品であり、農
　産物品質管理法による品質認証および親環境農業育成法により認証された親
　環境農産物、産業標準化法による標準規格品、農産物加工産業育成法による
　品質認証品、畜産法による一定等級以上の畜産物、水産物品質管理法による
　品質認証法および一定等級以上の標準規格品を指す」と定めている。

(15)2023年順天市では無償給食事業費86億ウォンと親環境学校給食事業費76億
　ウォン、Non-GMO加工品事業費13億ウォン、計175億ウォンの予算で学校給
　食に親環境食材を供給した。また、本事業の趣旨には、学校給食の食材とし
　て順天産親環境農産物・畜産物を優先的に供給することで、地域の親環境農
　業の生産基盤造成に資することであると示されている。

(16)無償給食費を親環境農産物の購入に充てると、購入額の1.5倍の親環境給食費
　の交付金が受けられる。

第9章　韓国の学校給食における親環境農産物の供給体制と意義

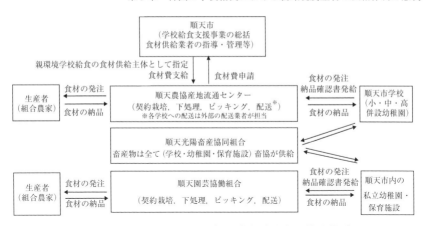

図３　順天市における親環境学校給食の供給体系

出所）李裕敬ら（2024）「韓国の学校給食における親環境農産物の供給体制―全羅南道順天市を事例に―」『農業経営研究』62（2）p.56より引用。

次に、順天市における親環境農産物の供給体制を図３に示した。順天市は同市学校給食審議会の運営、学校給食供給業者の選定と管理・監督、事業費の執行など親環境学校給食事業の行政機能を担っている。親環境農産物の供給主体は、併設幼稚園、小・中学校、高校、特殊学校向けの農産物は順天農協が、私立幼稚園・保育施設は順天園芸農協が担っている[17]。順天農協は順天市から親環境農産物の学校給食供給業者として指定を受け、学校給食向けの親環境農産物を調達・供給している。一方、親環境畜産物（無抗生剤認証）に関しては順天光陽畜産協同組合が市内全ての学校・幼稚園・保育施設に供給している。

この体制下において、順天農協は親環境農産物の物流・流通機能を担っている。2004年の学校給食事業当初に物流・配送主体として順天農協が運営していた農産物産地流通センター（以下、順天農協APCと略記）が選定され、順天農協APC内に「親環境学校給食センター」が設立された。

なお、順天市では親環境学校給食に供給する食材に優先順位が定められて

---

(17) 順天農協は順天市内13単位農協が統合された、組合員数１万8,000人、資産規模約2,002億ウォンの大型農協である。

第3部　韓国における有機農業・農産物のフードシステムの動向と課題

写真1　順天市親環境学校給食センターの外見（左）と内部（右）の様子
出所）筆者撮影。

いる。米の場合は、順天産有機米が最優先とされ、次に順天産無農薬米、順天産がない場合は、近隣市・郡産の親環境米、全羅南道産の有機米の順となっている。米以外の品目も基本的に順天産が最優先とされ、順天産がない品目は全羅南道産で代替する。地域で生産されない柑橘、晩かん類、マッシュルームに限って他産地の使用が認められている。

2) 順天市親環境学校給食センターの概要

順天市の親環境学校給食事業における物流・配送主体は順天農協APCである。同センター内には下処理室2棟、貯蔵庫8棟、選別・包装設備、残留農薬検査施設などが完備されている。同センターの運営は順天農協が担当し、給食食材の集荷および検収・検品、下処理、小分、包装、ピッキング、衛生・安全性検査（残留農薬検査、微生物検査等）を実施している。

順天市から学校給食の業務委託を1年更新で受け、学校給食の食材として供給される親環境農産物を調達、供給している。親環境学校給食センターでは、前日に用意した食材を毎朝9時までに各学校に配送した後、生産地を巡回し収穫した農産物を集荷してセンターに戻る、効率的なコールドチェーンを構築している。

3) 順天市親環境学校給食センターの供給体制

同センターでは、組合農家との契約栽培により親環境農産物を調達してい

る。年間需要量に基づき、年度初めに品目と供給量、供給時期などを決め、農家に割り当てることで、計画的な生産による安定的な調達体系を構築している。また、管内で生産・調達されていない品目を年に2〜3品目選定し、組合農家に対して栽培の指導・資材支援等を行うなど、地場産の親環境農産物の割合90%以上を目指して取り組まれている。

親環境農産物の栽培契約における単価の決定方法は、主として貯蔵性のある品目と葉菜類で異なる。貯蔵性のある品目（米、もち米、きび、えん麦、じゃがいも、玉ねぎ、大根、人参）に関しては、1年に1回、収穫時期に買い取り、順天農協APCの倉庫に貯蔵している。農家からの買い取り価格は、基本的に慣行栽培の約1.3倍に設定している。学校への供給価格は供給時期の相場を参考に決定している。一方、市場価格の変動が激しい葉菜類の単価は、毎月納品20日前に決定しており、農家の意向や卸売市場の相場、過去5カ年平均価格等を総合的に考慮しつつ、おおむね慣行栽培の1.3〜1.5倍（有機栽培は1.8倍）に設定している。学校への供給価格は農家買い取り価格の20%を上乗せした価格で設定している。

2022年の契約農家数は343戸（穀類184戸、果実類48戸、野菜類111戸）で、面積は373ha（穀類248ha、果実類22ha、野菜103ha等）である。農家との契約栽培においては、学校給食の供給量の上位20品目に対して行っており、生産農家が親環境農産物を学校給食に供給することで年間1,000万ウォン程のまとまった売上が上げられるような品目・量を配分している。また、葉物野菜についても、少量多品目の生産を推奨して供給期間を長く設けることで、一定期間中に安定的な収入が得られるようにしている。さらに、学校給食の契約量以外は順天農協ファーマーズマーケットで慣行栽培よりも高価格で販売できるような販路も提供している。これらはすべて組合農家が親環境農業に取り組むことで所得増大の効果が得られるように工夫したものである。

学校では栄養士（または栄養教師）が学生の健康や栄養バランスを考慮して献立を策定し、順天農協への発注品目と発注量を決定している。献立を作成する際は親環境農産物や地域の特産物、旬の農産物を積極的に食材に盛り

込むようにし、栄養士が毎月１回の学校給食価格審議委員会に参加して親環境農産物の供給状況を把握している。

　事業当初は親環境農産物の外見と品質が不良の物が多く、クレームの対象となっていたが、近年では見た目も品質も改善されていると評価されている。給食調理場では作業効率の面から大きさや形状がある程度揃った農産物を求めており、この条件に該当しない親環境農産物、特に有機農産物の使用を回避する動きもみられる。こうした学校給食関係者、特に栄養士からの親環境農産物の品目、品質に関する意見や要望は随時、順天農協から組合農家に周知されている。

４）学校給食における親環境農産物の供給状況

　2019年学校給食に供給されている親環境農産物は、市内全域で生産・調達されたものが全体の69.8％で、品目種類別には穀類92.9％、野菜類61.3％、果物類40.1％、特産類19.7％で、果物と野菜に関しては管外から調達されているものが多い。また、給食食材として約100品目の親環境農産物を扱っているが、供給量上位20品目（米、麦、玉ねぎ、じゃがいも、大根、にんにく、ネギ等）が全体供給量の70％を占めている。加えて、学校給食に供給される親環境農産物の品質基準は、一般農産物（慣行栽培）の標準規格「上級」以上を基準として選別・供給している。

　一方、有機認証は米、ズッキーニ、キュウリ、乾燥シイタケ、切り干し大根などわずかで（全体の５％程度、品目数基準）、ほとんどが無農薬認証である。その理由としては有機農産物の高い単価と生産量の少なさが挙げられる。

　2022年現在、組合農家から調達した親環境農産物のうち82％は市内学校給食に供給しており、残りは、管外拠点給食センター（13％）と民間給食業者（５％）に供給している（表４）。近年、組合農家の高齢化により契約栽培の農家数と耕地面積は減少傾向にあるが、長年の経験により、栽培技術やノウハウが蓄積され高い単収や品質を確保した農家は規模を拡大しているケース

第 9 章　韓国の学校給食における親環境農産物の供給体制と意義

表 4　順天市親環境学校給食センターの供給先別の売上高（2022 年）

単位：千ウォン、%

区　　分	売上高	割　合
順天管内の学校給食	633	82
管外の拠点給食センター注)	102	13
民間給食業者	34	4
合　　計	769	100

出所）順天農協農産物産地流通センター内部資料を基に作成。
注：求礼郡、高興郡、光陽市、羅州市の給食センターが該当する。

が多く、現在の契約農家数で市内学校給食の供給量が確保できている。しかしながら、市内の生徒数の減少（年平均1,000人）、生徒の嗜好変化（米や野菜、果物離れ、肉食の選好）が顕著となり、学校給食における親環境農産物の供給量は減少傾向にある[18]。

5．韓国の親環境農産物市場における学校給食の意義と課題

　以上、韓国の学校給食において親環境農産物の供給体制は、地域農協のように生産者を束ね、面的拡大や品目の多様化を支える主体の存在、集荷・配送の流通体系の確立、安定的な販路と利益獲得の仕組みづくりによる生産者の参入と生産拡大（面積と品目）、学校側の理解、行政の支援により成立している。また、その前提として生産主体と流通を担う供給主体の存立を支える共益関係の構築・維持が不可欠といえる。一方、現在これらが公的資金に依存している点で持続性や自立性に限界があることが示された。これらを踏まえ、韓国の親環境農産物市場における学校給食の意義と課題について整理すると、以下の通りである。

　まず、親環境農産物の安定的な需要先としての機能が挙げられる。2020年現在、親環境農産物全体の45.3%が学校給食に供給されており、学校給食と

(18)親環境学校給食事業費のうち、畜産物の供給割合は当初10%に設定されていたが、2017年に15%、2019年に20%、2020年に27%まで拡大した。

167

第3部　韓国における有機農業・農産物のフードシステムの動向と課題

いう市場の特性上、一定規模の需要が安定的に存在する[(19)]。さらに近年では学校のほか、国または自治体の支援を受ける機関・施設（軍隊、官公署、病院等）で実施する給食を公共給食とし、親環境農産物や地場産農産物の使用を奨励する政策・事業もみられるなど、給食市場自体の規模拡大も進められている。

　次に、産地における親環境農産物の供給体制の構築を後押ししている点が挙げられる。ソウル親環境流通センターの供給団体を中心に各地域で親環境農業への取組みが拡大しているとともに、市・郡における親環境学校給食の事業展開により、地域内で親環境農産物を調達する取組みが広がっている。また一部地域では、ソウル市への親環境農産物の供給を契機として、地域農協を中心に産地の規模拡大を図るに至っている。

　さらに、親環境農産物の品質基準を導入させた点が挙げられる。現在、学校給食用として供給される親環境農産物は慣行栽培の標準規格「上」級以上に相当する。事業開始当初は、外見と品質の双方で不良なものが多く、クレームが頻出したが、利用者である調理場や栄養士の要望に農協や生産者が応える形で「親環境農産物の学校給食マニュアル」を作成し、親環境農畜産物の規格基準を定め、現段階に至っている。特に給食調理場では、下処理の有無を問わず供給される食材に関しては、作業効率の面で大きさや形状がある程度揃ったものが求められる。これは有機農産物が好まれない理由でもある。こうした状況から、一定基準を満たさない規格外品などは、加工品として活用することも考えられる。

　今後の課題としては、親環境農産物の需要先として学校給食への依存度が高いことが挙げられる。上述した通り親環境農産物全体の45.3％が学校給食で消費されているということは、新型コロナウィルスのようなパンデミック

---

(19) 農林畜産食品部（2021）によると、2020年に生産された親環境農産物（米を含む18品目）のうち45.3％が学校給食に供給された。特に米に関してその割合が高く、全体生産量の56.9％を占める。米を除いた野菜等（17品目）の割合は33.7％を占める。

第9章　韓国の学校給食における親環境農産物の供給体制と意義

で学校が休校する、もしくは学校給食が停止する場合はその消費先を失うことになる。こうしたリスクを回避するためにも、今後は個人消費を促進する取り組みや多様な需要先を確保することで、親環境農産物の消費市場を拡大していく必要がある。

　次に、有機農産物の供給割合の少なさが挙げられる。親環境農産物のうち有機農産物の供給割合は現在もわずかである。学校給食への親環境農産物の取り入れは、その供給量や品目等の側面から、無農薬農産物の供給があってこそ成立したことは言うまでもない。一方、親環境農業のさらなる普及・拡大のためには、無農薬認証から有機認証への転換を促しつつ、新たな無農薬認証を増やしていく仕組みが求められる。しかしながら、単価の高さが理由で有機農産物が学校給食で取り入れ難い状況は、生産者側の有機認証取得の阻害要因となりうる。また、少子化の進展により学校給食の供給量そのものの減少が予想される状況で、親環境学校給食事業を維持・拡大していくためには、有機認証の食材を一定割合定めるなど、有機農産物の供給を増やす方法が考えられる。ただ、そのためには、有機農産物の生産拡大が前提となる。

　さらに、供給される親環境農産物の品目数の限定性が挙げられる。供給されている親環境農産物の品目は、地域内で調達・供給可能な品目に限られている。その結果、給食の献立構成に影響を与えている。今後は、栽培品目の多様化とともに、地域内あるいは複数の地域間で連携しながら調達・供給可能な仕組みについて検討していく必要がある。

　付記：本章は、李裕敬（2024）「韓国における親環境農産物を用いた学校給食の現状と課題」『フードシステム研究』第31巻2号，pp.96-104及び李裕敬・山田崇裕・川手督也・佐藤奨平（2024）「韓国の学校給食における親環境農産物の供給体制—全羅南道順天市を事例に—」『農業経営研究』第62巻2号，pp.54-59を基礎とし、大幅な加筆を行った（日本フードシステム学会・2024年9月15日許諾）。

第3部　韓国における有機農業・農産物のフードシステムの動向と課題

引用文献

An, CS. KimWT. Kim, H.（2018）An Analysis of Importance Performance on School Meal Support and Local Food Supply Policy-Focused on cases of Asan-si and Hongseo ng-gun in Chungnam-, Korean J.Org. Agric, 26（4）pp.585-597.

Heo, S.W（2006）Development Process and Strategies for School Lunch Program using Environmentally Friendly Agri-products, KOREAN JOURNAL OF ORGANIC AGRICULTURE14（1）：pp.41-53.

Kim, Ho（2020）：Price Realities and their Implications of Environment-friendly Agricultural Products for School Food Service-Focused on the Chungnam-Do Case-, Korean J.Org.Agric, 28（4）pp.491-504.

教育部（2022）『2021年度学校給食実施現況』大韓民国教育部（韓国語）

教育部（2014）『学校給食支援センターガイドライン』大韓民国教育部（韓国語）

ソウル特別市学校保健振興院（2010）『学校給食支援センターの運営実態及び活性化方案研究』（韓国語）

地域農業ネットワーク（2010）「地域優秀食材料の学校給食供給網（SCM）開発研究」『農林水産食品部研究用役最終報告書』（韓国語）

李裕敬ら（2024）「韓国の学校給食における親環境農産物の供給体制―全羅南道順天市を事例に―」『農業経営研究』62（2）：pp.54-59. https://doi.org/10.11300/fmsj.62.2_54

李裕敬ら（2020）「韓国における親環境農産物流通の拡大要因と課題―親環境農産物の学校給食への供給を中心に―」『フードシステム研究』26（4）：pp.343-348. https://doi.org/10.5874/jfsr.26.4_343.

農林畜産食品部・韓国農水産食品流通公社（2021）『2021年親環境農食品産業の現況調査・最終報告書』（韓国語）

農林畜産食品部・韓国農水産食品流通公社（2022）『2022年親環境農産物の学校給食の現況・最終報告書』（韓国語）

農林畜産食品部（2019）「2018年親環境農産物の流通実態および学校給食の現況調査（2019年4月政府報道資料）」（韓国語）

ソウル特別市平成教育局（2023）『2023年親環境学校給食支援計画』第318回市議会臨時会行政自治委員会資料（韓国語）

ソウル特別市（2021）『2021年親環境無償給食細部推進計画』ソウル特別市（韓国語）

ソウル特別市（2018）『ソウル市親環境無償給食成果白書―挑戦と省察、そして未来―2012-2017』ソウル特別市（韓国語）

順天市農食品流通課（2023）『2023年学校給食親環境食材料の支援計画』順天市（韓国語）

順天市農食品流通課（2023）『2023年学校無償給食の支援計画』順天市（韓国語）

第4部

東アジアにおける有機農業・農産物の
フードシステムの展望と課題

第10章　日本における有機農業普及推進の問題点
―日韓台シンポジウムから「取り残される日本」脱却を構想する―

高橋　巌

日本大学生物資源科学部

Iwao TAKAHASHI

College of Bioresource Sciences, Nihon University

はじめに

　筆者がコメンテーターとして拝聴させていただいた「日韓台における有機農産物のフードシステムに関する国際比較シンポジウム（以下「シンポジウム」）」は、非常に意義深いイベントであった。韓国・台湾を中心に有機農産物フードシステムの最新状況・実態について、統計分析及び流通実態を中心とした精緻なケーススタディを展開した報告が行われ、特に韓国・台湾の事例研究では、各国の比較研究という目的意識性と視座は明確であり、評者の知りうる先行研究では、直近でここまでまとまった分析は寡聞にして確認できず貴重な場であったと考える。報告の中心は、本学の若手研究者らによる韓国・台湾の有機農業の振興と有機農産物のマーケティング事例の調査報告であったが、それによって、彼我の有機農業振興の制度・政策的な差異について新たな知見を得られるとともに、日本における有機農業振興の問題点を浮き彫りにする場にもなったと思われる。

　そこで本稿では、前半で、各報告のポイント等について要約した上で、後半では、当日のコメントに沿いながら、それらと比較検証することを織り込みつつ加筆修正し、現在の日本の有機農業普及推進対策、特にその中心にある「みどりの食料システム戦略（以下「みどり戦略」）」における問題点を考えることとしたい。

1. 各報告のポイント

1）日本

(1) 川手座長報告

　ここでは、日本の有機農業の概況が報告され、近年のみどり戦略などの概況が報告された。日本・韓国・台湾の共通環境は「アジア・モンスーンの高温多湿な気候＋分散零細錯圃」であり、これが有機農業普及の障壁と言われてきたにも関わらず、近年の有機農業シェアにおいては、韓国（約5％）・台湾（約2.5％）と日本のそれ（約0.5％）には大きな差が生じており、いわば「取り残される日本」ともいうべき現状が示されているとし、今後の重要な検討課題とすべきことが強調された。

　但し今回のシンポジウムでは、「取り残される日本」の有機農業の現状について、これ以上の報告がなかったため、筆者によって、本稿後段にあるような問題提起を行ったところである。

(2) 島村報告

　1都12県に展開するパルシステム生協連の事業についての包括的な報告であった。現在、同生協の組合員数は約35万人、事業高は約553億円に達する（ちなみに筆者も、同生協の組合員である）。首都圏では生協間で競合関係が強まる中、同生協では最大の訴求ポイントを、作り手と「顔の見える関係」を築き、信頼から生み出された商品を届けることと、食の基盤となる農を守るためにも国産を優先することをモットーに置き、添加物・GMなどを排除した商品の提供を行っていることが強調されていた。特に、農薬・化学肥料の削減に努力し、国内有機JAS認証のうち12.1％を占めているほか、組合員と産地・農業者との交流等にも尽力している現状が報告され、同生協が有機農業振興にも寄与している現状が強調された。

第4部　東アジアにおける有機農業・農産物のフードシステムの展望と課題

2）韓国

　韓国については、韓国を研究フィールドとする李らにより、貴重な研究が報告された。

(1) 魏台錫・李均植報告

　韓国では、有機・無農薬など「親環境農産物」の制度化以降、2014年まで一旦増加した。「親環境農業直接支払金」などによる直接的支払などの支援も行われている。また、親環境農畜産物の認証制度のほか、GAP認証農産物が伸びつつあり、今後も増えていく見込みである。しかし、農業生産基盤の変化等で面積は若干減少傾向にある。消費者は「親環境農産物」を安全面で評価しつつも、価格面などから有機農産物の家庭内消費は依然として少ない。今後は、「親環境農産物」の価格には栄養価・機能性などが反映していることを根拠づけること、また産消交流などに対する政策支援も必要である。

(2) 李報告

　韓国の「親環境農産物」の市場規模は1兆ウォンを超え、さらに伸張すると見込まれている。約20年間における「親環境農産物」の流通形態の変遷を整理し、2001年認証制度の導入後、流通主体の戦略と政策的な後押しにより、親環境農産物を取り扱う小売・店舗が増え、オープン・マーケット化が進展したことが親環境農産物流通の拡大要因であることを提示した。また、2010年から本格的に導入され、国内シェアを高めている学校給食における親環境農産物の供給は、地域農協を中心とした流通体系の構築、面的拡大、品目の多様化を後押ししていることを明らかにした。今後、親環境農産物市場の拡大には、学校給食以外への販路拡大が課題となっていることを指摘した。

3）台湾

　川手座長らの研究グループが現地調査に力を入れる台湾については、以下

174

の3者から報告が行われた。

（1）楊報告

　台湾では1990年代に有機農業推進団体等が活動を開始、有機農業の普及が始まった。1996年には政府が米・野菜・果物等有機栽培基準を設定、2016年以降、環境配慮型農業システム導入や認証の制度が整備された。また、有機農業転換のための直接支払なども用意されたことから、生産・販売とも堅調に推移している。その後2019年に有機農業推進法が施行され、農業省は組織的に有機農業生産への支援を強化しており、その結果、国際基準の有機認証を受けた有機農産物は各国に輸出されるようになっている。

　台湾の有機農業推進は、消費者の信頼、そして環境の持続可能性と企業の社会的責任等の関連を重視している。また、持続可能な開発と企業のESGを重視し、世界のオーガニック市場での存在感を高めることを指向している。

（2）椋田報告

　台湾におけるオーガニックファーマーズマーケットの隆盛については、食の不祥事が重なったことなどが背景にあるが、2007年以降急速な発展を見た。調査結果によると、国立中興大学のオーガニックファーマーズマーケットでは、幅広い年齢層が出荷し消費者の満足とも高くなっている。また、COVID19以降はネットスーパーなども増加し、全体として従来のクローズドマーケットが、量販店等オープンマーケットへの展開も見られている。

（3）佐藤報告

　生協「台湾主婦聯盟生活消費合作社」の現地調査等から、堅調に推移してきたクローズドマーケットにある生協の有機農産物の取扱が、近年、オープンマーケットによる影響を受けている実態を明らかにした。特に、重点的な調査を行った有機農産物流通事業者「里仁事業股份有限公司」においては、製菓等に販路が拡大しつつあるなど、オーガニックサプライチェーンを徐々

第4部　東アジアにおける有機農業・農産物のフードシステムの展望と課題

に構築しつつある現状が報告され、有機農業の普及拡大の一端を担っていることが報告された。

　以上のとおり、台湾・韓国とも日本より有機農業の普及と有機農産物の販路の整備は日本よりも先進的な状況にあるが、販路、担い手確保、あるいは後段で指摘する「有機農業らしさ」の確保などは、共通する課題も多いと思われた。

2．「取り残される日本」で有機農業をどう普及推進すべきか

1）日韓台比較検討の前提条件

　日本・韓国・台湾に共通するのは、川手がいうとおりアジア・モンスーン地域の高温多湿の気候であり、分散錯圃的な圃場で水田農業が営まれていることである。特に「高温多湿」の気候条件は、従来、冷涼乾燥な欧米と比較して、病虫害発生や除草の困難性から有機農業拡大が困難とされる一因として指摘されてきた。ここでは、3か国（地域）の比較検討としてのデータを改めて簡単に確認しておきたい[1]。

　まず「高温多湿」を示す年間平均気温と降水量であるが、気温は、台湾（台北市）22.6度、日本（東京都）16.4度、韓国（ソウル市）12.9度であり、降水量は、台湾（台北市）2,325mm/年、日本（東京都）1,616mm/年、韓国（ソウル市）1,418mm/年となっている（以上概算）。位置性を反映すれば当然ながら、台湾が最も高温多湿で韓国は最も冷涼低湿、日本はその中間に位置することが改めてわかるが、最も気温が高く雨が多い台湾の環境で有機農業が先進的であることからすれば、「高温多湿」の気候条件に集約して「取

（1）日本・韓国の気象データは気象庁HP、ほかの統計はhttps://www.globalnote.jp/の世界銀行ベースデータなど（いずれも2024年1月31日閲覧確認）。気象データは日本が東京都、韓国がソウル市、台湾は台北市を指し、いずれも近年の平均値である。
　https://ja.weatherspark.com/countries/TW
　https://www.travel-zentech.jp/world/infomation/kion/taiwan.htm

り残される日本」の要因を説明することは困難といえる。

とはいえ、国土面積や地勢、農業の多様性については、日本とほかの２国（地域）では環境が大きく異なる。国土面積は、日本3,779.7万ha、韓国1,004.3万ha、台湾359.6万ha、農地面積は日本432.5万ha（農地率11.9%）、韓国152.8万ha（農地率15.7%）、台湾78.0万ha（農地率16.7%）と、日本は韓国の４倍近くの国土面積で３倍近くの農地面積を有し、台湾と比較すれば国土面積は10倍以上で農地面積は５倍以上の規模となる（2022年）。その中で、日本は北海道から沖縄県まで全く異なる気候風土と、高山帯の山岳地帯を含む環境の中で地域農業が展開されており、水田においても、東北地方や北陸・砺波平野のような広大な水田地帯から、各中山間地域の棚田まで多種多様な形態で拡がっている。この環境で有機農業を拡大すること、とりわけ「みどり戦略」がいう「全農地の25%を有機農業とする」目標などの現実性は、韓国・台湾のそれと比較すれば、非常に厳しい目標であることはいうまでもなかろう。

つまり日本は、環境的な３か国（地域）の共通性と差異を射程に入れつつ、韓国・台湾に学ぶべきは学びながら、「遅れ」を取り戻すために何が足りないのかを具体的に検証し、それを是正する現実的かつ政策的なプログラムが必要ということになる。

２）不可欠な所得政策―韓国・台湾・EUの実態―

次に、有機農業の普及・拡大にむけた条件を所得政策面で整理する。すでに述べたように、韓国では「親環境農業直接支払金」において有機農業転換に対する直接支払が行われ、しかもいくつかのステージでその適切な改定が行われていること、また台湾においても、有機農業への転換に対する所得政策が確立していることが報告された。楊報告によると台湾では、①３年間のエコロジーインセンティブ（$1,000）、②作物に対する３年間の補助金（$1,000 ～ $1,500）、③有機農業・環境配慮型インセンティブ（$1,000）などの支援メニューが用意されているとされる[2]。こうした所得政策がどのように有機農業の普及拡大につながったかは、さらに精緻な分析が求められる

第4部　東アジアにおける有機農業・農産物のフードシステムの展望と課題

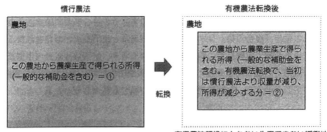

図1　フランス・ブルターニュ地方A農場における有機農法転換の事例（模式図）

出所）髙橋（2021）p.110。
原資料：加瀬和俊編著（2008）『有機農業・産直農産物の理念・手法・効果に関する日仏比較研究　研究成果報告書』東京大学科研 17380132。及び、2005年における筆者現地ヒアリング。

とはいえ、有機農業転換への直接的なインセンティブとなったことはシンポジウムでも強調されていたとおり、明らかであろう。

　一方、ヨーロッパではどうか。直近の情勢などは最新の調査研究を参照していただくとして[3]、やや古い事例ながら、筆者自身のフランス・ブルターニュ地方A農場における調査経験から、有機農業転換の事例を確認しておきたい[4]。A農場では慣行農業から有機農業に転換するに当たり、有機認証が定める慣行の隣地圃場からの農薬飛散を防ぐバッファゾーンの設定により農場規模は若干減じるとともに、さらに転換初期には病虫害発生などの多発から農業所得は減少することになった。しかし、EU・フランス政府・州等からの環境保全支援の名目を含む多重の補助金によって、有機転換に伴

---

(2) 本書、楊上禾報告による。
(3) たとえば、石井圭一（2022）「欧米の有機農業振興にみる経営支援と技術支援」『日本農業年報』67巻, pp.49-62, など。
(4) 髙橋巌（2021）「安全な食料生産―有機農業と有機農産物―」『人を幸せにする食品ビジネス学入門　第2版』オーム社, pp106-114。

178

う農場単位の所得減は回避され、むしろ転換によって所得が増加した実態が確認された。地域ごとに補助金の体系は変わるとはいえ、こうした有機農業への転換に伴う直接所得補償は、現在でもEU各国で共通の傾向としてあり、当然のことながら有機農業に転換する強力なインセンティブにつながっている（図1）。

3）みどり戦略の問題点―所得政策の欠落―

一方、日本における有機農業の現状は図2のとおりであるが、この現状から有機農業の普及推進を高らかに宣言した「みどり戦略」ではどうなっているか。

この「みどり戦略」は、川手の報告にあるように、①脱炭素化などの要請に応えるため、「持続可能な食料生産システム」を構築することとし、2050

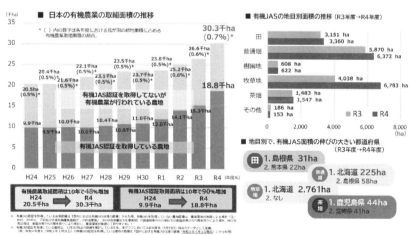

図2　日本における有機農業の現状

出所）農水省（2025）https://www.maff.go.jp/（2025年1月23日閲覧確認）。

第4部　東アジアにおける有機農業・農産物のフードシステムの展望と課題

年までにオーガニック市場を拡大すること、②そのため、耕地面積に占める有機農業の取組面積の割合を25％（100万ha）に拡大すること、化学農薬使用量の50％低減を目標にすること、等を掲げている。その具体策は図3にあるとおり、①資材・エネルギー調達において脱輸入・脱炭素化・環境負荷軽減の推進、②農業生産面において「スマート農業」等イノベーションによる持続的生産体制の構築、③加工・流通面においてムリ・ムダのない持続可能な加工・流通システムを確立、④消費面において環境にやさしい持続可能な消費の拡大や食育の推進、という食・農全体にわたる総合的なシナリオを提示し、その中に有機農業推進を組み込んでいるという構造になっている(5)。

　そして、慣行農業から有機農業に転換する具体的な政策支援としては、以下のようなメニューが用意されている(6)。

　①「みどりの食料システム戦略推進交付金」の対象になる。

　②農業改良資金などの無利子・低利子融資が受けられる。

　③「みどり投資促進税制」で所得税・法人税の負担が軽くなる。

　④農地転用許可などの行政手続きが簡単になる。

　⑤国庫補助金の採択で優遇される。

　たとえば①については、『「みどりの食料システム戦略推進交付金」は、みどり戦略の実現に向けた取り組みを支援するために制定されました。各地域において、環境負荷の低減と持続的発展に向けて地域ぐるみで行うモデル地区となる取り組みを支援します』とあり、この交付金には、『「推進体制整備」「有機農業産地づくり推進」「グリーンな栽培体系への転換サポート」「SDGs対応型施設園芸確立」「地域循環型エネルギーシステム構築」「バイオマス地産地消の推進」「バイオマス地産地消施設整備」』の7事業があるが、農業経営に直接関わる「グリーンな栽培体系への転換サポート」以外はモデ

（5）農水省（2022）「みどりの食料システム戦略～食料・農林水産業の生産力向上と持続性の両立をイノベーションで実現～」
（6）「実らす、農業のミライ」https://minorasu.basf.co.jp/80859（2024年1月31日閲覧確認）

180

第 10 章　日本における有機農業普及推進の問題点

図３　「みどり戦略」の概要と推進プログラム

出所）農水省（2021）「みどりの食料システム戦略の検討状況と策定に当たっての考え方」。

第4部　東アジアにおける有機農業・農産物のフードシステムの展望と課題

ル事業の構築（調査・立案、実証など）が主であるとされる。

　それでは、「グリーンな栽培体系への転換サポート」についてはどうかというと、『「グリーンな栽培体系」とは、化学農薬・化学肥料の使用量を適正化することや、有機農業の取り組み面積を拡大することと、温室効果ガス削減のための栽培技術、省力化のための先端技術などを組み合わせた栽培体系のこと』であり、この交付金は『こうした栽培体系に転換するための地域ぐるみの活動に対して交付され…そのため、交付対象となる事業実施主体の要件は、以下の構成員を含むこと、さらに組織の協定や規定などについて一定の要件を満たすことが必要』などとされている。つまり、あくまで「みどり戦略」の有機転換助成の基本にあるのは「地域ぐるみの活動への助成」であることがわかる。

　しかしようやく農水省は、2022年度補正予算で「有機転換推進事業」を打ちだし、有機農業を開始する新規参入者と慣行から有機農業に転換する農業者に対しての直接助成を打ち出した[7]。とはいえその補助率は、僅か「補助率10aあたり2万円以内／最小申請単位10a」という零細なものであり、有機農業に転換すると所得増になるといったフランスの事例には遙かに及ばない水準である。しかも要件として、「国際水準の有機農業に新たに取り組む農業者」となっており、事実上、対象を有機JAS取得者に限定する姿勢を示している[8]。現在の政権党の農業政策は、この10年以上、財源を主因としながら旧民主党政権下の直接所得補償政策への強いアレルギーもあって、中山間地域支援などでも所得政策の中に「直接所得補償」を組み込むことを回避する姿勢が強いが、「全農地の25％を有機転換」という、かつてない政策

───────────────

（7）農水省（2023）「有機農業への転換に向けて」
（8）交付申請者の要件としては「以下の基準（4点）をすべて満たす農業者」となっている。この「国際水準」が有機JASをさすのは明白である。①国際水準の有機農業に新たに取り組む農業者（慣行からの転換者又は新規就農者）、②営農の一部又は全部において国際水準の有機農業に取り組むことを予定していること、③販売を目的としていること、④本事業終了後も引き続き、国際水準の有機農業を継続する意向があること。

182

第 10 章　日本における有機農業普及推進の問題点

転換であり「壮大な構想」を示すみどり戦略でも、基本的にそれは変わることはなかった。しかし、有機農業への転換は世界的に見ても直接所得補償を含む強力な所得政策によって実現している実態を踏まえれば、これ一点取っても、みどり戦略はこのままでは「画餅の対策」となってしまう可能性が高いといわざるを得ない。

4）韓国に学ぶ／学校給食への有機普及は実質的な所得補償
―各地に波及する「いすみ方式」による学校給食有機化―

既に述べたように、韓国において有機農業への転換を大きく後押ししたのが、学校給食をはじめとする公共部門での有機農産物の活用であった。これを日本国内で取組み、有機農業の地域的・面的な波及を実現したのが千葉県いすみ市である[9]。

発端は、当時の市長が有機農業推進と学校給食への有機米の活用決定というトップダウンで決定したところから始まったが、地域での有機農業と自然保護活動の結合や、地元農業者の組織化と有機農業技術の効果的な普及をはじめ、サーフィンに取り組むIターン移住者などの新しい感覚を取り入れた地域活動など様々な要素が複合的に加わり、「有機農業の社会化」ともいうべき展開を見せた。同市には、それまで有機農家がほとんど不在であったのに、2013年から僅か2年余で有機稲作技術が確立、小中学校の学校給食に全量地元の有機米が使われるまでになったのである。同様の取組みは、同じ千葉県の木更津市はじめ各地に伝搬しており、学校給食への有機農産物利用が有機農業の地域普及の大きな後押しとなっている。

この学校給食への有機米導入は具体的には、市の助成措置によって支えら

（9）鮫田晋（2022）「いすみ市における有機米の学校給食使用と有機米産地化の取組みに対する自己分析」『有機農業研究』第14巻1号，pp.30-34，谷口吉光（2023）「千葉県いすみ市―有機農業、給食、生物多様性が共鳴する『自然と共生する里づくり』」谷口吉光編著『有機農業はこうして広がった―人から地域へ、地域から自治体へ―』pp.38-74，コモンズ。

第4部　東アジアにおける有機農業・農産物のフードシステムの展望と課題

れている。図4のとおり、有機米と慣行米の差額130円／kgを市が助成することによって成立しているが、その後コメだけでなく野菜の一部も有機農産物での供給を可能にするため同様の助成が行われるようになり、たとえばニンジンの場合は、価格差200円／kgが補填されている。なおこの差額分の助成は、給食費ではなく市の一般財源で賄われているが、米の場合は年間予算が約494万円、有機野菜（ニンジン）の場合は18万円ほどとなる。逆に言えば、人口約3万4千人規模のいすみ市のような自治体で、年間約500万円の予算で全小中学校の給食米全量を有機に転換し、地域全体の有機農業を面的に拡大できるのであるから、その費用対効果は極めて大きいといえるのではないだろうか。いすみ市の事例をどこまで一般化（社会化）できるかは、更なる検証が必要であるとはいえ、これは有機農業転換に対する実質的な所得補償であり[10]、各地の地域実情を踏まえながら、今こそ韓国の先進的な取組みに学ぶべきといえる。

3．目指すべき有機農業の姿とは―新たな認証の萌芽と可能性―

1）みどり戦略における「有機農業」―有機JASを取得すれば、それは「有機農業」「有機農産物」なのか？

　先に述べたように、みどり戦略は、有機農業の普及推進の進め方としてスマート農業など「イノベーション」を掲げているが、こうした資本集約型の新技術を駆使できるのは、いきおい、人材と資金を確保しうる大規模法人がその担い手として想定されることになるし、近年の支援策では既に見たよう

---

(10)谷口らは、谷口編著前掲書において、いすみ市を初めとする有機農業の地域における面的普及を「社会化」で説明しているが、いすみ市のような「地域の先進性」の背景にある「特殊性」（アクター＝運動の担い手とその関係性、地域に元々あった自然保護活動やサーフィン等カウンターカルチャーや、Iターン移住者が多かったことなどの地域特性）のように一般化が難しい側面を、これから有機農業を普及推進しようとする他地域などが、それを含めてどこまで有機農業の普及推進（社会化）のため論理的に一般化しうるか、現実にどう応用していくかなどについては、今後更なる検証が必要となろう。

第 10 章　日本における有機農業普及推進の問題点

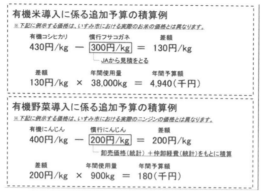

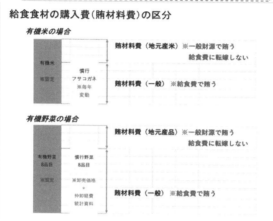

図4　いすみ市における学校給食への有機農産物助成措置

出所）伊藤育穂（2023）「有機農業の普及拡大に関する研究－みどり戦略推進下における有機農業の面的・地域的拡大の方向性－」日本大学大学院論文中間発表会資料。

原資料：いすみ市農林課（2022）「いすみ市有機農業推進の経緯および現況報告〜地域一体となった有機農業産地づくり〜」。

に有機JASの取得が前提となっている。もとより、全農地の25％という目標からすれば、土地利用型農業を含む大規模生産という想定は求められる。こうした面的・量的拡大を視野に入れる以上、「産業としての農業」を有機化していく戦略は当然必要であるし、また、オープンマーケットによる一定量の広域流通も当然与件となる。しかし日本の有機農業は、小規模家族経営の

第4部　東アジアにおける有機農業・農産物のフードシステムの展望と課題

少量多品種生産による地域自給と「産消提携」を基礎に出発し展開してきた歴史的背景があること、有機JASを取得しない有機農家も一定数存在することなどを含め、どう捉えるべきかも重要な検討課題になる。

　この点について日本有機農業学会は、学会としてみどり戦略への問題点をまとめ提言を発表している[(11)]。それによると、①有機農業とは、ただ化学肥料を有機肥料に置き換えただけの農業（代替型有機農業）ではなく、農薬・化学肥料の削減→農地生態系（植物、動物、微生物の多様性の向上）→生態系内の効率的な物質循環の実現により作物生産を持続的に維持→おいしく栄養豊富な農作物の安定生産と農地生態系の保全というプロセスで、農業生産と環境保全が両立するというメカニズムを持つこと、②「スマート農業」を否定するものではないが、有機農業を農地面積の25%にまで拡大するためのイノベーションの中核は「農地の生態系機能を向上させて、安定した作物生産と生態系の保全を両立させる」ことに資する技術革新でなければならないこと、③有機農業を担ってきた主として小規模家族農家と新規就農者を中心としつつも、法人経営、主業的農家や自給農家など「農の多様な担い手」全般を対象とした政策メニューを考える必要があり、小規模家族農家と法人経営の両者が地域農業の存続・発展のために補完し合い、協働しあえる存在だと考える必要があること、などとしている。普及推進に当たって所得政策が希薄なことの指摘はないものの、つまりこれは、大規模有機JAS農業者とスマート農業の活用、大規模流通に傾斜するみどり戦略の方向に懸念を表明したものであるともいえる。

　この「懸念」は、実は世界的にも有機農業の「産業化」「慣行化」批判として現れてきている。ここでいう「産業化」とは、大規模大量生産とオープンマーケット＝大規模量販店等への販路拡大＝生産性拡大による生産過程の

---

(11)日本有機農業学会（2022）「『みどりの食料システム戦略』に言及されている有機農業拡大の数値目標実現に対する提言書」https://www.yuki-gakkai.com/wp-content/uploads/2021/03/ad610735000bf2cdf94163e8e3d7c542.pdf（2024年1月31日閲覧確認）、また、谷口吉光（2023）「『有機農業の社会化』とみどりの食料システム戦略」谷口編著前掲書，pp.202-214。

186

変容した有機農業の経営方式であり、「慣行化」とはそれに適合すべく生産方式も慣行農業に準じた形に準じた有機農業のあり方である。筆者の調査事例でも[12]、大規模生協等からの有機ジャガイモの需要に応えるべく大規模単品型で連作型の生産を行った有機ほ場から、ソウカ病の発生が著しいという事例が確認されたが、まさに「慣行化」の問題の発露といえる。

2）有機農業と有機JAS

　ここで改めて有機農業推進法における有機農業の定義を確認すると、「化学的に合成された肥料及び農薬を使用しないこと並びに遺伝子組換え技術を利用しないことを基本として、農業生産に由来する環境への負荷をできる限り低減した農業生産の方法を用いて行われる農業をいう」となっている。これを踏まえ、筆者が講義等で説明するときは「その土地の特性と資源に適合した生産方式にしたがい、地域の自然環境を保全しながら、なるべく地域の食を自給してこそが有機農業のめざすものである」[13]とまとめている。さらに、IFOAMにおける有機農業の定義を確認すると「有機農業は土壌の健康、生態系、人類を支える生産システムである。それは、有害作業を伴う投入物ではなく、生態系プロセスや生物多様性、地域の条件に適合する循環を支えとする。有機農業は、伝統と革新そして科学を組み合わせることで、皆が共有する環境に貢献し、それに関わる人びとの公正な関係と生活の質を向上しようとするものである」[14]となっている。さらに中島は[15]、これら

---

(12) すでに筆者は、やや古い事例であるが、長崎県の事例でこのことを指摘している。高橋巌（2007）「有機農業の地域展開とその課題—埼玉県小川町の取組み事例を中心として—」『食品経済研究』pp.90-118。

(13) 高橋、前掲書、p.114。

(14) IFOAM（2008）"General Assembly"
https://www.ifoam.bio/why-organic/organic-landmarks/definition-organic
（2024年1月31日閲覧確認）、及び、IFOAM JAPAN（2016）『ORGANIC3.0対訳版—真に持続可能な農業と消費の在り方を求めて—』。

(15) 中島紀一（2013）『有機農業の技術とは何か—土に学び、実践者とともに—』農文協。

第4部　東アジアにおける有機農業・農産物のフードシステムの展望と課題

の視座に加え、有機農業が低投入型農業生産様式であることを強調すべきと体系的に論じている。以上を総合すると、有機農業は、本来的な環境保全や地域食料自給的視点はもとより、社会的な公正性・持続可能性という視座が明確にあることに注目しなくてはならない。

　しかし、こうした視座は有機JAS「そのもの」には反映されない。「有機認証を以て有機農業と見なす」という立場からすれば、認証基準を満たせばそれは有機農業であり有機農産物であることの証明なのであって、それ以上の「証文」は不要である。事実、海外のコーデックス有機認証を得た農場の中には、モノカルチャー的な単品大規模有機農産物の生産や、外国人農業労働者を長時間劣悪な労働条件で働かせるなど「公正とはいえない労働過程」で生産する有機農場の事例も指摘されるが、日本の大規模農業経営でも外国人農業労働者をめぐる諸問題は、日常的に発生している。有機JASに決定的に欠落しているのが、こうした「地域」「公正さ」への視座である。

　すなわち、有機農業の普及推進は、単に「産業化」「慣行化」の焼き直し路線で対応するのではなく、常に「有機農業とは何か」という問い直しをしつつ、その具体策を検討していくことが求められているということになる。その意味では、モノカルチャー的農場で生産され地球の裏側から多消費のエネルギー利用により輸入された「有機農産物」が、到底「有機農産物」の冠は取れないものの、地域のサスティナブルな家族経営農場において低農薬な農業生産により生産される「地産地消」農産物よりも「環境にも人にも優しい」とはいえない。この場合、表示上の有機農産物が慣行農産物より優越しているとはいえないはずである。

3）有機農業とは何か、どう論じられてきたのか
　　　—「批判的学」としての「有機農業学」検証—[16]

　近年、有機農業と極めて密接に連関する研究分野として注目を集めているのが、「アグロエコロジー」である。アグロエコロジーとは、「持続可能な農

業とフードシステムの設計と管理に、生態学的および社会的概念と原則を同時に適用する、総合的かつ統合されたアプローチである。それは、植物、動物、人間、環境の間の相互作用を最適化することを目指していると同時に、人々が何を食べ、それらがどのように、どこで生産されるかを選択できる、社会的に公平なフードシステムの必要性にも取り組む」と説明されている[17]。さらに日鷹・羽生は、アグロエコロジーの立場について「日本の農業、食料システムは、エネルギー効率の低い水稲と、…果樹蔬菜などの高収益作物栽培に特化し、…有益でエネルギー効率の高い、たくさんの作物栽培を切り捨てた上に成り立った、単峰型の、きわめて不安定な農生態系、里山景観である。…豊かな里山の生物多様性や有機農業、自然農法を含む景観を目標にしても、まだ不十分である…これまで継承されてきた在来の遺産を、多重安定的な農生態系と食料システムの構築のために再利用していくことは重要」と述べているが[18]、こうした方向性を持続可能にする「有機農業」のあり方とその社会システム、農業経営をどうつくるのか、我々に問われている学際的研究課題といえる。

これに関連して、筆者は改めてIFOAM「オーガニック3.0」を再読したが、改めて以下の記述を確認した。そこには、「Agroecology提唱者であるMiguel Altieri（は）…巷間、若い人にはオーガニックはうけないが、アグロエコロジーには関心を示す、ともいわれてきた。…本人に（有機農業とアグロエコロジー）両者の違いを聞くと、『経済システム、つまり資本主義

---

(16) 3）及び「おわりに」の記述は、高橋巌（2023）「『有機農業大全』合評会報告要旨」『日本有機農業学会第24回大会 特別セッション『有機農業大全』合評会報告要旨』pp.1-5、を加筆修正したものである。

(17) FAO "THE 10 ELEMENTS OF AGROECOLOGY, GUIDING THE TRANSITION TO SUSTAINABLE FOOD AND AGRICULTURAL SYSTEMS" http://kinkiagri.or.jp/library/organic/Agroecology/10elements_Agroecology_JP_Overview.pdf（2024年1月31日閲覧確認）。

(18) 羽生淳子編（2022）『レジリエントな地域社会—アグロエコロジーからみた長期的持続可能性と里山』総合地球環境学研究所，pp25-26。近著として、S・グリースマン／村本穣司ほか訳（2023）『アグロエコロジー—持続可能なフードシステムの生態学—』農文協。

189

第4部　東アジアにおける有機農業・農産物のフードシステムの展望と課題

経済の変革をもくろむかどうかの差』…事実、アグロエコロジーはラテンアメリカと南アメリカでその影響力を急伸させ（ているが）…（しかし）IFOAMの現状斬進改革路線では社会の底辺に追いやられた小農たちは救われないだろう…」[(19)]とある。筆者はこの表現に、改めてショックを受けた。ここでいう「有機農業」は、「産業化」「慣行化」の延長線上にあるそれが想定されるものの、そもそも有機農業とそれを研究する「有機農業学」は、アグロエコロジーとは対極にある「社会の底辺に追いやられた小農たち」を救わない「経済システムの変革をもくろまない」「若い人にはうけない」ものであったのだろうか。

　仮に「有機農業は何を以て有機農業というのか」という回答を、「産業化」「慣行化」の延長線に置き「安全を金で買える富裕層を対象にした、高付加価値農産物の生産である」とするなら、それはまさにそのとおりであろう。現実のグローバル化した資本主義的生産様式と市場主義を所与のものとするなら、それは否定しがたい側面なのかもしれない。そして、有機農産物であるか否かを「有機JAS」だけに求めるのなら、「有機」であれば、そこでどのような持続不可能な生産方式がとられようと、あるいは、外国人農業労働者の虐待などの「不正義」があろうと不問にされる。「有機JAS」には、社会的な公正さや地域の持続可能性という判断基準は入りようがないからである。しかし、「有機農業学」は、現状を肯定するだけの、あるいは現状肯定を前提に対処療法的な処方箋を描く現状追認装置であったとは言えないはずではないか。

　1970～1980年代の有機農業を取り上げた論説、特にアクティブな論説が並ぶ『クライシス』『新地平』『自然食通信』『別冊宝島』等当時の社会派雑誌を改めて再読すると、そうしたベクトルは微塵も感じられない。そこにあるのは、今日のSDGsのような「官製ではない」在野の社会運動的ベクトルとパトスである。有機農業は、当事者が自覚する・しないに関わらず、反公

──────────

(19)村山勝茂（2016）「発刊にあたって：IFOAM Organic3.0討議資料が投げかける課題」IFOAM JAPAN『ORGANIC3.0 対訳版』p. ii 。

第 10 章　日本における有機農業普及推進の問題点

害・反原発・開発反対等をはじめとする当時の広範な社会運動とも密接につ
ながった「運動セクター」にあった。たとえば、高知県窪川原発反対運動を
組織し実際に原発建設を阻止した農業者・島岡幹夫は、「地域が原発建設を
拒否するということは、原発という拝金的な社会システムと、放射能を出し
続け環境破壊する暴力的な装置の双方を根底から否定することである。その
ためには、地域が農林漁業を中心に自立する地域経済をつくり出すことと、
そして、毒ガス由来の農薬を否定し環境を破壊しない営農＝有機農業で地域
農業を成り立たせることが当然の課題になる」[20]という主旨の発言をして
いるが、原発建設凍結後は、地域の有機農業と地産地消運動を強力に推進し
ている。筆者自身、学生時代に「提携」に関わった経験からも、こうした
「有機農業と環境保全・地域自立を結びつけた論理」は、当時各地で自然発
生的に生まれ定着していたといえる。

　さらに当時の論説をみると、有機農業を守備範囲とする研究者の鈴木博は、
「農民層分解論というドグマ」の泥濘に没し、農薬害に苦しんで有機農業を
志した農業者や彼らと提携する消費者を無視するような学界に対し、「既存
の農業経済学者、農業理論家のほとんどが、これまで有機農業運動にもムラ
再建運動にも完全なアレルギー症状を示し、これを無視し去ってきた」と痛
烈に批判していた。そして当時の産消提携運動に触れながら、「（有機農業
は）自然破壊や公害に反対し、農民と農業の主体性を回復し、都市と農村の
提携交流を深め、農業政策を変えさせ、食糧自給体制を家庭と地域から築き
上げ、エネルギー自給と地域の自立を目めざし、原発・エネルギー多消費型
石油文明に反対する…『社会と時代とをトータルに変革していくことをめ
ざした根底的な運動である』」[21]と学界の問題を喝破している。また同様
に安達生恒は、同様の文脈で、「川上」～「川下」ではなく「地」の視座が

(20)筆者による島岡幹夫への現地ヒアリング（2013）による。また、中筋恵子
　　(1981)「高知・窪川からの報告／ムラはいかに立ち上がったか」『クライシス』
　　1981冬号，pp51-62。
(21)鈴木博（1981）「『開かれたムラ』再建への方途―日本有機農業運動の現段階
　　と展望」『クライシス』前掲書，pp.30-32。

191

第4部　東アジアにおける有機農業・農産物のフードシステムの展望と課題

必要として、「市民、人間の完成をまだ失っていない（「地」の視座の）人たちに呼応する農民たちもまた各地に現れだした‥‥日本有機農業研究会の会員がそれだ」として「（彼らは）農業の危機をもっとも深いところから見つめ、それを通して日本社会の腐食を見据えているからであり、それはたべものを通じて自分の生きたを見、現代社会を見ている上記の市民たちの目と一致する」[22]と、有機農業の産消提携の社会的意義を明確にしていた。もちろん、この40年間の社会的変容により、産消提携を巡る環境は大きく変わっているし、現代の有機農業生産者が、「経営」として市場との折り合いをどのようにつけるべきかは所与の課題である。とはいえ、現在のみどり戦略をはじめ、有機農業の普及推進において、有機農業が持つこうした広範な社会運動と連携してきた位置性・歴史性を十分顧みなかったことは、今日「産業化」「慣行化」の問題点を十分検証し切れていない現状につながっていったとも考えられる。それは、「批判的学」としての側面を後退させてきた、（無論、筆者を含む）有機農業学関係者の問題ともいえるのではないかと思われる。

4）一つの可能性―新たな認証の萌芽 "PGS認証" ―

有機JASにはこれまで述べてきたような問題を内包すること、加えて認証の経費や手間などの生産者負担が膨大であることから、元々消費者との信頼関係が成立し販路を確保している首都圏など都市近郊の有機農業者にとっては、「有機農産物」と表示できなくても、認証そのものが必要ないという判断に至っている事例は多く、古くから有機農業に取組み、新規参入者による有機農業が拡大している埼玉県小川町でも、有機JAS取得農業者は現在存在しない[23]。実際最新のデータでも、有機JASを取得しない有機農業者は、近年有機認証農業者の方が上回ったとはいえ、一定数を維持していることが分かる（前掲図2）。

---

(22)安達生恒（1982）「食い改めよ、日本農業」『新地平』第96号，pp.30-32。
(23)2024年1月の本文中現地ヒアリングによる。

192

第10章　日本における有機農業普及推進の問題点

　しかし、有機農産物の量的・面的拡大が目標となり、販路の多様化が必要になる中では、情報の対称性を確保するため、大規模生産者や消費地から離れた産地で有機農業を行う上で今後「何らかの認証」が必須の条件となっていく現状は認めざるを得ない。それを前提とするならば、有機JASに代わりうる、あるいはその不足要素を補う「別な認証」が模索される必要がある。具体的には、有機JASの決定的な問題点である煩雑さと「地域」視点の欠落という欠点を補い、生産の「公正さ」と地域の持続可能性に寄与していることを担保する認証が求められることになる。

　その一つとして注目されるのが、「PGS認証（参加型有機保証制度：ParticipatoryGuaranteeSystems）」である。そして現在、このPGS認証に国内で取り組んでいるのは岩手県「オーガニック雫石PGSグループ（以下「雫石グループ」）」である [24]。雫石グループによると、PGS認証とはIFOAMが用意する参加型認証制度で、「農家の負担を減らせるしくみ」とされる。この効果として、「PGSによって、有機農法や自然農法で栽培していることが認められ、他の農業者との栽培法に関する情報交換や、消費者からの生産物や農場に対する意見をもらえるようになり…毎年行われる農場訪問と栽培基準の調査は生産者・消費者の両者に対して大きなメリットとなり…安心・安全の農産物を消費者へ届けること、有機農産物の生産者を増やすためにもPGSの導入は日本でも是非必要」としている。また、PGSの世界的動向として、現在IFOAMに正式認定されPGSを取得している国は、2022年現在、日本を含め10か国（フランス、ニュージーランド、アメリカなど）としている。

　具体的なプロセスは図5で示されているが、「国全体として認証を行う（有機）JASとは異なり、地域ごとに消費者、生産者が中心となって農場の

---

(24)オーガニック雫石（2022）「畢竟、PGSは有機農業を核とした地域づくり」ほか。
　　http://organicnetwork.jp/biz/archives/2064　https://organicshizukuishi.jim-dofree.com/pgs%E3%81%A8%E3%81%AF/（2024年1月31日閲覧確認）。

193

第 4 部　東アジアにおける有機農業・農産物のフードシステムの展望と課題

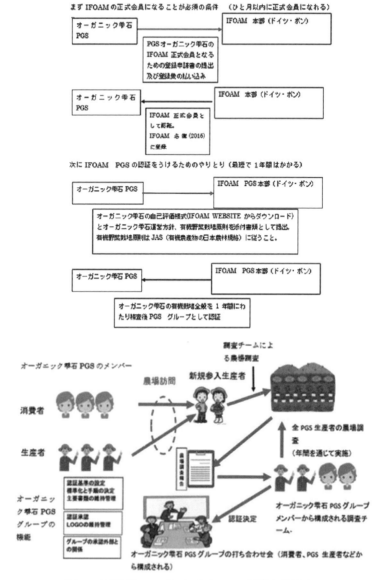

図 5　雫石グループにおける PGS 認証の仕組み

出所）https://organicshizukuishi.jimdofree.com/pgs%E3%81%A8%E3%81%AF/
（2024 年 1 月 31 日閲覧確認）。

調査や認証を行い小規模ながら簡易に有機農業者を増やす仕組み‥‥このためにはIFORMの正式メンバーになる必要」があり、その上で、「認証基準の設定、標準化と農場調査手順の設定、主要書類の維持管理、認証承認、オーガニック雫石のLOGO管理・維持、認証書の発行、渉外の機能があり‥‥オーガニック雫石PGSグループのメンバーは消費者と生産者から構成されていて、代表1名、副代表1名が管理業務に当たり、全体の業務運営を遂行」とされている。

　PGS認証を有機JAS認証と比較すると、有機JAS（第三者認証）が「膨大な量の書類作成」「検査員による実地検査（検査も実質的に書類ベース）」「検査時、技術的アドバイス（コンサル）不可」「システムは国が作る」といった問題があるのに対し、PGS認証（地域認証）は「必要最小限の書類提出」「ステークホルダーによる頻繁な訪問と口頭質問」「訪問時、技術的なアドバイスが可能」「システムは参加型で作る」などの差があり、PGS認証においては有機JASのいくつかの問題点がクリアされうることが分かる。

　筆者は2024年1月、このPGS導入に向けて検討を行っている小川町において、その導入に当たって行われたトライアルな現地「圃場説明会（認証検討会）」に参加、PGS認証の様子を確認することができた。これは、雫石グループなどの助言を受け、同地の基準に近い手法で行われたものである。

　当日は、現地有機農業者のほか役場・農協などを含む地域関係者20数名が仮想の認証検定員として集まり、PGS認証の前提となるIFOAMの有機農業規定等について確認が行われた。そして、小川町の中で古くから有機農業に取り組む「（株）風の丘ファーム」と、ブロックローテションによるムギ・ダイズの地区内全面有機転換を成し遂げた「農事組合法人・下里ゆうき」の2団体を対象に現地検討が行われた。まず、両団体の農業経営について詳細な経営データとともに、ほ場配置図と作付面積等のデータ、使用肥料と薬剤（有機JAS認証のものやフェロモントラップなど天敵利用資材）、生物多様性の向上に向けた具体的な取組み、地産地消・フードマイレージ、従業員や担い手の労働条件、教育普及や地域貢献まで約50項目のヒアリングシートに基

第4部　東アジアにおける有機農業・農産物のフードシステムの展望と課題

写真　小川町における「圃場見学会」：生産状況や資材の説明を現場で受ける

出所）2024年1月、筆者撮影。

づいた説明と、質疑が行われた。それに基づき、模擬認証として各項目について「適／不適」などの判定が段階別に行われた。有機JAS認証と比較して、画一的な検査項目を排した大幅な省力化と「地域の視点で確認する」利点が確認された反面、ほ場ごとの全面的な確認が十分でない点もあり認証としては改善が必要という意見も出され、今後詰めていくこととなった（写真）。

　筆者としては、現段階で雫石グループの現地調査を行えていないなど、PGS認証については諸情報を集約した範囲の知見に限定されており、各方面からの評価も含めて、具体的な運用の成果が判明するまでにはまだ時間がかかると予想される。しかし、小川町では長年有機農業を行っているにも関わ

第 10 章　日本における有機農業普及推進の問題点

らず、直売所や量販店等で「有機野菜と表示できない」矛盾に悩んできた中、新規参入者の販路拡大という意味でも、有機JASの諸問題をクリアする一つの可能性が示されたと考えられる。今後とも、その動向に注視していきたい。

おわりに

1980年代初頭から産消提携による有機農業運動を現場で垣間見るなど、有機農業の現場にいあわせた筆者は、既に時代の変化を巡る証人としての位置に立ちつつある。そうした筆者は、大学院生当時、有機農業の研究を志したが、農業経営学の大先達でありRRIAP初代所長・金澤夏樹教授から投げかけられたのが「農業というものはそもそも有機的なものであって、"有機農業"という呼称自体、自己矛盾だ」[25]という批判であった。ある意味で、それはそのとおりである。しかし、「本来有機的であるはずの農業が、有機的でないこと」の構造的問題を敢えて問題としない、こうした「研究」「学」こそが、安達や鈴木が批判する「学の問題」ではなかったかとも考えられる。

我々は、「産業化」「慣行化」という問題点をクリアにしつつ有機農業の普及推進を検討する作業と、それを裏づける「有機農業学」が本来「批判的学」であることの証を明確にする作業、という2つの難しい課題に直面している。その意味で、「批判的学」の立ち位置を鮮明にするアグロエコロジーの豊かな蓄積・実績と、有機農業学とのつながりをどうつくるかが、重要になると考えられる。それは同時に、「有機農業とは何か」をより鮮明にすることでもある。このシンポジウムを機会に、韓国・台湾の先進事例にさらに学びながら、「取り残される日本」からの脱却に向けた検討と議論を深めていきたい。

　※本書における農水省等の支援事業の内容などは、2024年1月現在のものである。

---

(25)高橋巌（2020）「自著紹介／『有機農業大全』」『食品経済研究』pp.96-100。

第11章 コロナ禍以降における日韓台の有機農産物の
フードシステムの動向と展望

川手　督也・佐藤　奨平
日本大学生物資源科学部
Tokuya KAWATE, Shohei SATO
College of Bioresource Sciences, Nihon University

１．はじめに―コロナ禍における動向

　コロナ禍においては、日韓台のいずれにおいても人々の食の安全・安心志向は強まったと言われているが、台湾以外では、有機農産物＝安全・安心な食べものということで需要が増加して、消費も増加するということにはならなかった。

　日本においては、食の安全・安心を重視する生活協同組合やいわゆる「顔の見える関係」の農産物直売所の農産物や食品の販売金額は全体として増加したが、有機農産物についての需要はそこまで大きくならず、農地面積に占める有機農業の割合は漸増にとどまっている。

　韓国においては、本書第７章～９章における分析のとおり、コロナ禍における有機農産物の学校給食へのストップの悪影響などにより、親環境農業の拡大は政府の計画を下回り、停滞した状況が続いている。ただし、有機農業については、2022年で農地面積の2.6％を占めるまでになっている。

　台湾においては、本書第３章～６章の分析のとおり、有機農産物＝安全・安心な食べものという社会的認識の広がりに基づき需要が増加して、主要な量販店においても野菜や米などにおいて有機農産物のコーナーができ、米や加工品でも取り扱い量が増加している。その結果、農地面積に占める有機農業の割合はコロナ前の１％から2024年12月時点の2.6％に大幅に拡大している。

第11章　コロナ禍以降における日韓台の有機農産物のフードシステムの動向と展望

このように、コロナ禍における有機農業の動向については、日韓台で三者三様の結果となった。その要因の解明については、今後の課題といえるが、少なくとも、人々の食の安全・安心志向は強まれば、有機農産物＝安全・安心な食べものということで需要が増加して、消費も増加するというような単純な図式があてはまらないことが示唆されたといえる。。

2．日韓台の比較の論点のまとめ

以下では、本書の第2章から第10章までの分析・考察を踏まえて、第1章で提示した日韓台の有機農産物のフードシステムの比較の論点についてまとめてみたい。

1）流通の諸主体の役割

農林水産省（2023）によれば、日本においては、消費者の有機食品の購入先は、全体としては量販店が最も多くなっており、ついで、生活協同組合、自然食品店などの順となっている。

日本の有機食品市場の構造を詳細に分析した酒井（2021）も、消費者への供給ルートとして最大なのは、百貨店、量販店、小売店で、販売額で半数近くを占める。ついで、専門流通・卸売業者21.4％、生活協同組合の順と推計している。卸売市場については、取り扱われる割合は多いが、有機農産物という理由で特別な扱いはされていない。

これに対して韓国は、本書第8・9章及び李ら（2020）によれば、学校給食への供給のウエートが高く、大型流通業者との割合は拮抗し、生活協同組合がそれに順じている。卸売市場で扱っているのはわずかであるが、大半が無農薬農産物で、有機農産物の評価は高くないと言われている。

台湾においては、全聯や家楽福超市等主要なスーパーマーケットや家楽福等大型量販店の有機農産物取り扱いのシェアが増大し、野菜や果物、お米等において有機農産物のコーナーが設けられており、大きなウエートを占めて

199

第4部　東アジアにおける有機農業・農産物のフードシステムの展望と課題

いる。卸売市場の役割については確認できていないものの、台湾の主要な
スーパーマーケットや量販店における有機農産物の取り扱いの急速な拡大を
見ると、今後、無視できないものになっていくことが推測される。

２）学校給食の役割

　すでに述べたように、韓国における近年の親環境農業拡大の主な要因は、
学校給食への拡大である（本書第９章及び李ら（2020））。ただし、取引価格
の点などから、その大半は無農薬農産物となっており、有機農産物の割合は
小さいことに注意する必要がある。

　台湾でも、地方自治体レベルの政策に基づき、学校給食への有機農産物供
給に取り組んでいる小学校の数は、2017年で1264校、2018年で2263校（Yang
（2023））にのぼっている。国レベルでの政策的支援はこれまではないが、今
後、重点施策として取り組むことが検討されている（2023年12月における台
湾有機農業推進センター（国立中興大学学内）でのヒアリング結果による）。

　日本では、2005年以降、食育の関連で、地産地消及び国産農産物の利用推
進が進められている。有機農業とのリンクは少ないが、1679市町村のうち
123市町村が学校給食で有機食品を利用しており、うち115市町村は市町村立
の学校や幼稚園で利用している。また、85市町村で農作業体験（田植え、芋
掘り等）、食育、給食への利用等を通じて有機農業に関連した取り組みが実
施されている（農林水産省（2023））。

３）ローカルフードシステムとの関連付け

　台湾では、ローカルフードシステムの主なものはファーマーズマーケット
であるが、本書第６章で示されている通り、その多くが有機あるいは有機農
産物や食品に配慮したケースが多く、近年の有機農業拡大において重要な役
割を果たしてきたといわれている。ただし、現在のシェアはそれほど大きく
ない（本書第３章）。

　日本では、ローカルフードシステムは農産物直売所が主となっているが、

200

地産地消を目的とし、地場産品がセールスポイントとなっており、宮崎県綾町のように有機農業を地域的に推進しているケースを除いて、有機農産物や食品の扱いはほとんど見られない。なお、日本におけるファーマーズマーケットは、数は多くないものの、伝統的なものでなくて新設されたケースでは、有機関連の商品の取り扱いが比較的多いと言われている。

韓国では、ローカルフードシステムはパク・クネ政権時代に農産物の流通改革を目的に全国的に新設されたローカルフード直売所が主となっている。このローカルフード直売所は、日本の大山町農協（大分県日田市大山町）の多機能型農産物直売所である木の花ガルテンがモデルになっているとされるが（川手（2021））、直売所により差は見られるものの、親環境農産物が扱われているケースが多く散見される。

４）農業生産工程管理（GAP）との関連

農業生産工程管理（GAP、以下GAP）との関連については、制度的・政策的には日韓台とも有機農業関連施策とは別のものとして位置づけられているが、韓国と台湾においては、量販店などでは、有機農産物関連のコーナーに有機農産物や親環境農産物と一緒に韓国のGAPや台湾のGAP（TAP）の認証マークのついた農産物が置かれている。

これに対して、日本では、GAP自体の普及が進んでおらず、GAPを取得した農産物の認証マークも制度化されていないが、農福連携関連のノウフクGAP・ノウフクJASのように、JASと関連付けることができれば、認証マークを取得することが可能となると思われる。

消費者が両者の相違を認識しているか疑問なところがあるし、消費者の混乱をまねいていることは否定できない。本書第7章に示されているように、韓国では、様々な認証農産物が氾濫する中で、消費者がその違いがわからないと、相対的に価格競争力のある農法に生産が傾斜する可能性があり、実際に、GAP認証農産物の増大の要因になっているとされる。胡柏（2023）が今後の日本において危惧していることが、韓国では現実の問題となっている

第4部　東アジアにおける有機農業・農産物のフードシステムの展望と課題

表1　親環境農産物の業態別売上高の推移

品目		国産標準品 (円/kg)	有機栽培品 (円/kg)	比率(%)
根菜類	だいこん	204	315	155
	にんじん	394	685	174
	ばれいしょ	385	568	147
葉茎菜類	キャベツ	178	291	163
	ねぎ	669	960	143
	たまねぎ	296	536	181
果菜類	トマト	697	1,078	155
	ピーマン	959	1,793	187

資料：農林水産省大臣官房統計部「平成28年生鮮野菜価格動向調査報告」（平成29年3月）
注）1．全国主要都市（21都市）の並列販売店舗における比較である。
　　2．有機栽培品は、有機JASマークを貼付した商品が該当する。

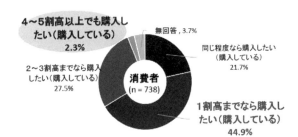

図1　消費者が有機農産物を購入する場合の許容可能な価格格差

出典）H27年度 農林水産情報交流ネットワーク事業全国調査「有機農業を含む環境に配慮した農産物に関する意識・意向調査」（2016年2月）。

ことが伺われる。

　しかし、サステナブルな農業やフードシステム形成の観点からは、有機農業の前段として位置付けるなど、GAPとの連携は一考の余地があると思われる。

5）販売価格とコスト

　有機農産物の小売における販売価格は、日韓台のいずれにおいても、生産コスト及び流通コストが慣行栽培農産物より高いため、慣行農産物の価格を

第11章　コロナ禍以降における日韓台の有機農産物のフードシステムの動向と展望

大きく上回るとされている。

　日本では、農林水産省（2023）によると、有機JAS認証農産物の価格は国産標準品よりいずれも高く、ねぎで143％〜ピーマンで187％などとなっている（表1）。これに対して、消費者では、1割高までの価格を希望する者が過半数を占めている（図1）。

　韓国では、本書第7章で示されているように、平均すると小売における販売価格は、慣行栽培の150％であり、生産コストは、少量生産構造を有していることから、1.45倍と推計されている。流通コストは、慣行栽培の場合、既存の流通段階を利用して小売段階に流通させているのに対して、親環境農産物は品目ごとに流通経路が異なり、同じ品目であっても流通経費が異なり、流通経費毎に生産者の所得差が異なることが指摘されている。

　親環境農産物を高いか買わないとする消費者の割合は多い。消費者の支払い意思額を調査した結果では、1.5倍以上とする回答はほとんど見られない。

　台湾では、有機食品専門店・里仁でのヒアリング結果（2023年12月実施）からは、生鮮農産物で130％で、加工食品ではそれを下回るということであったが、一般的には消費者には高くて買えないという認識があると考えているとのことであった。

　日韓台では、いずれも生産コストのみならず、流通コストが慣行栽培のケースより高くなることが販売価格を高くしていることが確認されたが、流通コストは流通経路が多元化しているため、流通経路ごとに見ていく必要があるが、日本の場合、従来の有機生産者の多くが宅配システムを多く使ってきたと言われるが、特に宅配料の高い日本では、流通コストを引き上げてきたことが示唆され、全体として、有機農産物の価格をより高く引き上げる要因となっている。

　こうした中で、日本において、農産物直売所で有機農産物が取り扱われるようになれば、一般的に卸売市場の中値が基準となると言われているので、有機農産物の価格はかなり安価になることが予想される。農産物直売所のシェアは、野菜ので1割弱程度と推定されているので、現在の日本の有機農

203

第4部　東アジアにおける有機農業・農産物のフードシステムの展望と課題

業のきわめて低いシェアの中では、農産物直売所の活用は、今後、もっと考えられて良いと思われる。

6）1）～5）を踏まえた政策的支援

　韓国は、東アジアではいち早くEU諸国の農業環境政策を取り入れ、1999年に親環境農業ということで政策を体系化し、直接支払制度もスタートした。近年は、学校給食をはじめとする公的な給食への親環境農産物の供給の普及と支援を地方自治体と国が連携しながら進めている。政策に方向性と助成金や補助金など具体的な支援策がよく連動しており、日本は学ぶべきところが多いように思われる。

　一方で、無農薬と有機という2本立てでの政策の推進は、本書8章で示されているとおり、かつての3本立てでの政策の推進時に生じた問題点を踏まえて改変されたものであるが（本書第7・8章）、サステナブルといっても、慣行栽培からするといきなりハードルが高い無農薬栽培から始めないと政策的支援の対象にならず、結果として、広がりのある形での政策展開が難しくなあっている側面がるように思われる。そのことが、GAP認証をはじめとする関連する諸認証とのハーモナイゼーションが不十分という印象につながっている。

　また、無農薬認証は、有機認証への転換を前提として、制度設計されたものと思われるが、実際には、近年、有機認証の割合はそれほど増えていない。学校給食においても、価格の問題などから、実際に供給されているのは無農薬認証農産物が大半となっている。このことは、親環境農業の趣旨や目的、無農薬認証と有機認証の相違が十分に社会的に認識されていないことを示唆しており、本書第8章で示されているとおり、親環境農産物が持っている価値共有を生産者と消費者がどういう手段で共有するか、どういう内容で共有するかということは、国としても生産者にとっても、非常に重要な課題と言える。

　台湾におけるコロナ禍を含む近年の有機農業の拡大状況は目ざましい。政

第 11 章　コロナ禍以降における日韓台の有機農産物のフードシステムの動向と展望

策的に体系化されたのは、2018年の有機農業促進法の制定ということで時代的には最近のことになるが、直接支払制度を含めて手厚い政策的支援が実施されているといえる。

なお、台湾では、有機農業促進法が設定された際に、広義の有機農業として「友善農業」が位置づけられ、政策的に推進が図られていることが注目される。友善農業は、無農薬と無化学肥料を要件としつつ、例えば「石虎」（ベンガルヤマネコの１種）など絶滅危惧種の保全に対応した農法を要件とする生物多様性に配慮したものとされている。有機の場合と異なり、認証ではなくて登録であること、有機農業の前段というような位置づけとなっている。しかし、実際には、有機及び転換期の認証と同時に取得が可能である（写真）（台湾農業推動中心HP：https://www.oapc.org.tw/#pll_switcher）。今後の課題としては、友善農業の社会的認知や有機農業振興との関連付けに関する理解の促進などがあげられる。日本でも地域固有の生物と関連付け、その餌場や生息環境を創造するような栽培基準に従ってブランド化を図る「生き物ブランド米」の取り組みが見られるが（上西（2020））、友善農業では、稲作のみならず、バナナやハーブ茶、コーヒー、かんきつなどに対象が広がっており、そうした取り組みへの政策的支援、さらには有機農業政策との関連付けなどの点で参考になると思われる。

また、先にも述べたように、韓国同様、量販店の農産物の売り場には、有機認証とTAP認証のものが混在しており、消費者が両者の相違を認識しているか疑問なところがあり、消費者の混乱をまねいて可能性は否定できない。そのため、GAP認証をはじめとする関連する諸認証とのハーモナイゼーションを十分に図

写真　友善農業のラベルの例
（有機転換期認証と同時取得のケース）

る必要があるように思われる。

これに対して、日本における有機農業関連施策は、2006年の有機農業推進法が端緒となるが、実際にはより広い環境保全型農業という枠組みで持続可能な農業への政策的取り組みがなされてきたが、これは、韓国や台湾と異なり、慣行栽培との間をある程度埋める可能性のある間口の広い政策的枠組みといえるが、環境保全型農業から有機農業に進んでいく道や具体的な政策的支援は明確には示されていない。直接支払制度も設けられており、2021年に拡充されたが、その水準は依然として低く、転換期農業に対する公的支援はきわめて弱い（本書第10章）。

また、有機JASを取得していないケースも認めているが、一方で、そうしたケースは政策的支援対象として明確化されておらず、有機農産物という表示は認められていない。

この背景の1つとしては、有機農業推進に関する政策と有機農産物の認証制度とが別個に設けられ、今日に至っても結びつけがなされていないことが挙げられる。これに対して韓国の場合は、親環境農業政策のスタートの段階から直接支払いを制度化したため、もともと認証制度と関連付けれてきたといえる。台湾の場合は、以前は、日本同様、有機農業推進に関する政策と認証制度は別個に設けられたが、2018年に有機農業政策が体系化され、両者がよく関連付けられるようになっている。

以上のような状況から、EU諸国にのみならず、韓国や台湾と比較して、有機農業関連施策が質的にも量的にも不十分であり、有機農業においても日本が世界から取り残されつつある状況の大きな要因になっていることが指摘されている。

3．今後の展望と課題

1）需要サイドへの対応

李ら（2013）は、有機農産物のマーケットの特質として、EU諸国等と比

べ、日本は、オープン・マーケットの形成が不十分なため、有機農業の拡大が阻害されていると主張している。

実際には、すでに見てきたように、日本においても、有機農産物の流通は、オープン・マーケットが主流になっているが、量販店などの取り組みは、EU諸国はおろか、韓国や台湾に比べても弱いと言える。こうした中で、大手量販店のイオングループでは、独自のPBブランド化や独自農場、有機食品専門店子会社（ビオセボン）を設立するなど、日本の量販店の中では有機農産物や食品の扱いに積極的であり、注目されるが、それでも、イオンの一般の店舗では、有機農産物や食品のコーナーは見られない。

日本と韓国や台湾などとの相違をもたらしている背景要因として、日本の消費者の場合、食の安全・安心に関しては、国産、さらには地産地消で満足する傾向が強いことが指摘されている。

韓国と台湾は、食の安全・安心をめぐるゆらぎが生じた際に、消費者の関心は、相対的にはダイレクトに有機農産物や食品に向かったと思われるが、日本の場合は、農産物直売所を中心とした地産地消が大きく進展したこともあり、国産、さらには地場産の農産物に向かったと思われる。

以上については、今後、検証を行う必要があるが、日本において有機農業の拡大を図るためには、こうした状況をブレークスルーする必要があるといえる。

この点について推論を続けると、日本において、農産物直売所を中心とした地産地消が飽和状態にある中で、エシカル消費、ESGやSDGsなど新たな社会的価値への対応が迫られているとしばしば言われるが、そうであれば、有機農業をうまく関連付けて消費者に訴求できれば、需要サイドから有機農業の拡大につなげることも十分可能になると思われる。

２）有機農業の政策的意義付けの変化への対応

みどりの食料システム戦略において、2050年までに、有機農業の取組面積の割合を25％（100万ha）に拡大することが打ち出された背景には、有機農

第4部　東アジアにおける有機農業・農産物のフードシステムの展望と課題

業、特に農薬の不使用が、農業の自然循環機能を大きく増進し、農業生産に由来する環境への負荷を低減し、さらに生物多様性保全や地球温暖化防止等に高い効果を示し、持続可能な農業に資することを示すエビデンスになるような研究成果が国内外で蓄積されつつあることがあげられる。これに対して、エビデンスとしてはまだ不十分とする見解も見られるが（茂野（2024））、生物多様性に関していえば、特に水田作において、「田んぼの生き物調査」など地域住民や消費者の参加を可能とする環境監査的な取り組みや手法がかなり確立されており、2011年に愛知県で開催された生物多様性国際会議COP10で提唱されたSatoyamaイニシアチブをさらに発展させる方向として、減農薬、さらには無農薬栽培の推進にはプラスになると考えられる。

　化学肥料については、昨今は、環境への負荷の問題以前に、原料を輸入に依存していることから、原料価格高騰及び原料の不安定供給の状況にあるため、農政においても、国産の有機肥料への転換が推奨されるようになっている。

　なお、有機農業において、一部の生産者による有機質の多投入については、全体として肥料の低投入に有機農業の技術が転換しているため、現在では、問題になることは少なくなってきていると言われている。

　中島（2010）が言うように「有機農業の生産力は外部からの投入に依存するのではなく圃場内外の生態系形成と作物の生命力、そして両者が結びついた循環的活力形成に依拠しようとしてきた」のであり、これが有機農業における技術の深化の基本方向といえる。

　農政において、有機農業の有する環境性が認められるようになった反面、食の安全性については、エビデンスを示すような研究結果がないということで、認められていない。

　その一方で、需要サイドにおいては、農産物や食品の残留農薬のチェックや証明が輸入を含めて求められるようになってきていることに注意する必要がある。

208

3）学校給食への有機農産物の供給の可能性

　すでに見てきたように、学校給食への有機農産物の供給は、韓国が先進的な取り組みを進めてきた。日本においては、第10章で千葉県いすみ市の例が示されているが、2005年以降、食育の一環として学校給食が取り組まれる中で、SDGs等と関連付けられるケースも増えている。学校給食は、市町村を中心的主体として、公的コントロールが効きやすく、オーガニックビレッジの創生・拡大が図られる中で、ふるさと納税の活用等とともに、これから増える可能性は十分にあるといえる。これまで、給食費は安く抑えられる傾向がみられ、昨今の給食の材料費のコストアップはマイナス要因といえるが、近年は少子化対策などの観点から学校給食の無償化を図る市町村が増加してきている。こうした点は、日本における学校給食への有機農産物の供給の追い風になるといえる。これに関連して、食育や食農教育との関連付けが今後の課題と言える。第4章では、台湾におけるファーマーズマーケットと2022年に公布されてた「食農教育法」との関連付けが紹介されているが、政策的にも実際の取り組みにおいても、日韓台に共通した課題と思われる。

4）生活協同組合への再度の注目

　今後の有機農業の振興を考える場合、消費者のエシカル消費の高まりとそれに対応した有機食品のフードシステムの形成が東アジアなどではきわめて重要と考えられる。有機食品を志向する消費者は、もともとは食の安全性を重視してきたが、次第に、環境にシフトしてきており、近年では、物質循環や生物多様性など環境への対応に加えて、社会的公正や人権など社会や人への配慮を加えたより複合的・総合的なエシカル消費に移行しつつあるといわれている。

　李ら（2013）は、イタリアなどと比して日本はクローズド・マーケットのウェートが依然として大きく、オープン・マーケットの形成が不十分なため、有機農業の拡大が阻害されていると主張している。これに対して、桝潟らは

第 4 部　東アジアにおける有機農業・農産物のフードシステムの展望と課題

（桝潟他（2020））、有機農産物においてもオープン・マーケット化して市場原理が支配的になる中で、有機農業をベースとした持続可能なフードシステムの形成が可能かどうか疑問視している。

　李ら（2013）の論考の背景には、1990年代以降充足に進展したイタリアの有機農業には大規模な有機小売業の展開とそれに対応する消費者や小規模農業者の動きがあり、これを有機農産物市場におけるオープン・マーケットとクローズド・マーケットの対比と捉えて分析・考察を進めたものであるが、岩元（2019）は、農産物流通の視点からLFSC（ロングフードサプライチェーン）とSFSC（ショートフードサプライチェーン）の対抗とみなしてイタリアの有機農業及び農産物流通の実証分析を行っている。その結果、SFSCの意義はLFSCに対抗できない小規模生産者に存続機会を与えるとともに、消費者にとっても新鮮で、健康的なものを自ら選択できるという意味で、食料主権を実現するものである。SFSCに参加している小規模生産者は家族経営がほとんどであるが、市民農業者やいわゆる半農半Xのホビー農業者も含まれており、市民自らが農業生産への関与を高めていることに注目したいと結論づけている。

　以上を踏まえると、有機農業の推進に際しては、香坂らが指摘しているように、有機農業の量的拡大と同時に、質的にいかに高めていくかが重要といえる（香坂他（2021））。別言すれば有機農業の「産業化」だけでなく、「社会化」が必要となる（谷口（2023））。実態としては、ヨーロッパのみならず、東アジアの日韓台においても有機食品の流通経路・流通主体は量販店が中心となりつつも多元化・多様化している。そうした中で、エシカル消費に変化しつつあると言われる有機食品を志向する消費者の価値意識に親和的な流通主体が、有機農業の質的な向上を図る主体と考えられる。その候補として最も有力な主体の1つと考えられるのは、生活協同組合ではないかと考えられる。有機農産物のオープン・マーケット化が進んでいるとされるイタリアで最もシェアを占めているのはイタリア全土に店舗展開を行っているコープイタリアであることは、このことを象徴しているようにも思われる。

210

第11章　コロナ禍以降における日韓台の有機農産物のフードシステムの動向と展望

日本、韓国、台湾において、生活協同組合が歴史的に有機農業の推進に果たしてきた役割が大きいことは言うまでもない。その中でも韓国は特に顕著であったと言われる（鄭（2005）（2007）等）。

多元化している有機農産物・食品の流通主体については、マーケットの特質（対象としているマーケットがオープンか否か）のみならず、流通主体の社会的性格（公的か共的か私的か）に着目すると、流通主体の社会的性格から、新たな消費動向のトレンドと言われるエシカル消費などに親和性の高いフードシステムの主体としては、共的な社会的性格を有する生活協同組合に再度注目する必要があると考えられる。特に、日本においては、韓国や台湾に比べて生活協同組合への加入者数が多く、有機農業の質的深化の担い手として、ポテンシャルが大きいといえるのではないか。

第2章において詳述されているパルシステムは、日本を代表する生活協同組合の1つであるが、①表示なし、②農薬・化学肥料の5割減をベースとし、エコ・チャレンジ、③有機認証を前提とするコア・フードの3段階に分けて取り引きする農産物を分類し、②エコ・チャレンジと③コア・フードについてはそれぞれ加算金を付加する方式をとっている。また、加工食品は食品添加物などできるだけ使用しないという原則に立った結果、特に加工食品において素材の味を生かした安全・安心な食ということで、一定の商品差別化に成功していると思われる。サプライチェーンやバリューチェーンも独自のシステムを確立しているといえる（那須（2022））。

ただし、気になるのは、パルシステムのような日本の生活協同組合は、生鮮食料品については有機や無農薬（パルシステムに即していうとコアフード）を重視するのに対して、加工食品になると食品添加物等の有無に焦点が当たり、食材が有機や無農薬か否といった点が弱くなるように見える点である。

なお、同様の傾向は、韓国や台湾（本書第5章）においてもあてはまるように思われる。

そもそも、パルシステムが目指すのは「無農薬・無化学肥料」ではなくて、

211

第4部　東アジアにおける有機農業・農産物のフードシステムの展望と課題

第2章で詳述されているように、産直産地や生産者、組合員とともに歩み、挑戦してきた歴史や物語を持っており、その長い道のりの中で、シ策定された5つの項目からなる「商品づくりの基本」と「7つの約束」の実現をめざして商品づくりが進められている。何より、今日の社会においては、無添加やそれに準じる加工食品を購入しようとしてもなかなか商品自体が見つからない中で、そうした加工食品を求める消費者にとっては、パルシステムの有している価値は大きいといえる。しかし、有機農業を推進する観点からは、コア・フードを原料とした加工食品をもっと増やす可能性が論点として挙げられる。

　関連して、李（2021）は、有機加工食品の製造市場は、少数の事業者による限定した製品展開を見せるニッチマーケットにとどまっていること、供給者には原料または製品の輸入・加工・販売をビジネスモデルとする業者が多く、国産原料を使用する有機加工業者が少ないこと、有機加工業者、自然・有機専門問屋、自然食品店が有機加工食品の供給を担っていること、を挙げている。

　これに対して、愛媛県大洲市で国産さらには地場産の有機農産物の原料の積極的な使用を試みながら高品質の醤油や関連商品を製造・販売している梶田商店などの取り組みからは、①直接生産者とつながり、ネットワークをベースとして一気通貫のフードチェーンが形成されていること、②国産さらには地場産の有機農産物を用いることが商品コンセプトなどにおいて明確化されていることなどがポイントとしてあげられる（梶田商店からのヒアリングによる（梶田商店HP等参照：https://www.kazita.jp/））。

　パルシステムなどでは、日本における有機農産物の生産の割合が低すぎて加工食品の原料として使用できるコア・フードの農産物がまだ十分確保できていないというのが実状であると思われるが、①生産者及びメーカーとつながり、ネットワークをベースとして一気通貫のフードチェーンが確立されており、②国産の有機農産物などの使用と親和的な商品コンセプトが明確化していることから、今後、加工食品の有機化推進の主体としても期待されると

第 11 章　コロナ禍以降における日韓台の有機農産物のフードシステムの動向と展望

いえる。

5）輸出やインバウンド対応―日本の緑茶をめぐる動向を中心に

　先にも触れたように、品目でいうと、お茶は全体でも農地面積に占める有機農業の割合が５％に達している。その大きな要因は輸出対応である。

　以下、農林水産省（2024）及び各年次食料・農業・農村白書に基づき、日本の緑茶をめぐる動向をみていくと、緑茶の輸出額は、海外の日本食ブームや健康志向の高まり等を背景として近年増加傾向で推移している。2022年は、前年に比べ33.3％増加し292億円となっており、2016年と比べるとと約4.4倍に増加している。

　また、有機栽培茶は海外でのニーズも高く、有機同等性の仕組みを利用した輸出量は増加傾向にある。2022年は前年に比べ2.3％増加し過去最高の1,342tとなっている。特にEUや米国が大きな割合を占めている。

　ここで、日本における緑茶の生産動向を確認すると、栽培面積は緩やかに減少しており、生産量は約８万トンで推移している。茶農家１戸当たりの栽培面積は拡大が進んでおり、特に鹿児島県では規模拡大が顕著である。緑茶生産の担い手については、相対的に健闘してきたといえるが、年齢別基幹的農業従事者数は年々減少するとともに、2010年には51％であった65歳以上の割合が、2020年には61％と高齢化が進展している。また、全国の茶園の約４割が中山間地に位置し、傾斜等の要因により乗用型機械の導入が遅れている地域も存在する。茶園の約４割が、樹齢30年以上と老園化し、収量、品質の低下が懸念されるが、改植等への支援の実施面積は全体の１割程度にとどまっている。

　価格については、ペットボトル緑茶飲料の需要の伸びに呼応する形で2013年までは上昇し、その後、需要の停滞により低下傾向にある。ただし、お茶の価格は①茶種による価格差、②茶期による価格差等が大きく、これに品質に応じた価格差が加わるため、農家によっては大きな差が生じているのが実状である。

213

第4部　東アジアにおける有機農業・農産物のフードシステムの展望と課題

　緑茶の消費量について、緑茶（リーフ茶）は減少傾向で推移している。これに対して、緑茶飲料は増加傾向で推移している。

　また、消費者による緑茶の購入は、2009年では茶専門店を含む一般小売店からが最も多かったが、その後、スーパーからの購入等が増加するとともに通信販売の割合も増加しており、購入元も販売店、茶商、生産者など多様化している。

　こうした中で、少なからぬ日本の緑茶生産者は、海外輸出に本格的に活路を求めており、アジアではなくて、米国等における日本食ブームの影響、健康志向の高まりにより、輸出量はこの10年間で約2.5倍強増加している。そのため、輸出先国としては、米国が全体輸出量の約39％を占める。

　2023年の緑茶の輸出額は292億円にのぼる。健康志向や日本食への関心の高まり等を背景に、抹茶を含む粉末茶の需要が拡大し、過去最高額となった。形状別の緑茶の輸出実績を見ると、米国では抹茶を含む「粉末状の緑茶」が、台湾ではリーフ茶である「その他の緑茶」の輸出量が多く、国により傾向が異なる。輸出単価は、抹茶を含む「粉末状の緑茶」の方が高い。

　日本における有機農業の割合は、農地面積に占める割合をみると、0.2％にとどまっているが、緑茶の場合は5％に達しており、一部都道府県では10％を超えている。これは、有機栽培茶は海外でのニーズが高く、同時に残留農薬基準をクリアする可能性も高いことから、輸出に適していると評価されていることに起因するところが大きいといわれている。緑茶の有機JAS格付実績は増加傾向している。有機認証制度の同等性等の仕組みを活用した有機茶輸出数量は増加傾向しており、特にEU・英国向けでは茶の輸出量に対し大きな割合を占めていることは注目に値する。これは、輸入相手国・地域から求められる残留農薬基準との関わりが大きい。緑茶の輸出においては、輸出相手国・地域において、我が国で使用されている主要な農薬の残留農薬基準を設定するため、必要なデータの収集や相手国・地域への申請（インポートトレランス申請）を推進している。相手国・地域の残留農薬基準をクリアする防除体系を確立するため、各地での現地実証を通じた防除体系の確

214

立等を推進している。

以上、農林水産省（2024）及び各年次食料・農業・農村白書に基づき日本の緑茶をめぐる動向の整理を試みたが、このような輸出対応を契機とした日本の緑茶の有機農業の拡大について、李（2021）は、詳細な実証分析に基づき、国内の有機農産物の生産拡大に大きく貢献しうるとしながら、輸出先国・地域における日本茶需要の拡大は、相対的に安価な他国産製品との競争をもたらし、有機緑茶が訴求すべき価値実現を維持した輸出拡大を期待し難くなる可能性や、非有機製品の輸出が容易になれば、有機緑茶の輸出拡大に向けた関心や努力が薄まる可能性を指摘している。しかし、かつて、農薬なしにはまともな品質のものは作れないと言われてきた緑茶の生産において、全体で5％ものの農地面積のシェアを有機緑茶が占めるに至ったことのインパクトは小さくないと思われる。さらに、緑茶の生産のみならず、フードシステム全般においてもイノベーティブな変革をもたらしていることが伺われ、やはり、注目に値するといえる。

なお、輸出以外でも、コロナ禍が収まり、円安が進む中で、東京オリンピック開催時に想定されたインバウンド対応で有機農産物や食品の需要が一定程度見込まれる。輸出やインバウンド対応による有機農業の拡大は、それ自体の直接的効果以上に、有機農業拡大の良いキッカケとなりうるのではないかと思われる。

6）有機農業支援拡充及び政策的枠組みの再検討の必要

こうした中で、有機農業を拡大していくには、第1に、これまで弱いと言われてきた政策的支援の拡充が必要である。

EUや韓国にならい、直接支払いの増額増加やいわゆる有機農業への転換期を対象にした直接支払いの新設、有機JAS取得のための経費の補助など、現状よりもっと手厚くかつ現場での有機農業の取り組みに連動した積極的な政策的支援が必要となることは言うまでもない。基本的には、有機農業を選択することで下がる生産性を補填する必要があるが、流通コストに対する一

定の助成及び卸売市場や農産物直売所の積極的位置づけや活用など流通経路の改善支援も必要と思われる。

　第2に、有機JASの認証のあり方や推進の仕方を基本的なところから再検討する必要があると思われる。日本の場合、有機JAS認証は、有機農業の政策的推進とは別個に策定された。その結果、有機農業関連政策と有機認証の連動がうまくないだけではなく、先にも見てきたように、「慣行栽培よりも環境性でより好ましい農業を営んでいるはずなのに、インチキをしていないかなど厳しくチェックされる」という印象を生産者などに広範囲に与えてしまっている。生産者が有機認証を取得するモチベーションが上がるような有機認証の位置づけや推進の仕方が必要と思われる。さらには、第10章で高橋が論じているPGS認証のような、もう少し生産者がし得しやすい認証のあり方を検討する必要がある。何より、台湾が2018年に実施したように、有機農業関連施策を体系化し、有機農業推進と認証制度を明確にリンクすることが肝要と思われる。

　この点については、中島がかつて提唱した「エコ農業」の枠組みが参考になると思われる（中島（2000））。その際、ゴールとなる有機農業のあり方や要件について、果たして、「無農薬＋無化学肥料」で良いかどうかの検討が必要となる。例えば、本書第10章において、高橋は、アグロエコロジーなどについて言及するなどしてこの問題に関して論じているが、エシカル消費やESG、SDGsなどへの対応（第3章）を考えた場合、環境性以外に様々な社会性の要件を組み込む必要があるが、それらについてどう整理し、さらにはどう統合するかが必要といえる。

　第4に、有機農業の普及の段階に応じた戦略策定が必要である。

　日本の場合、非認証をあわせても0.6％にとどまっており（農林水産省（2023））、当座は例えば有機認証で1％を目指すのが現実的と思われるが、このレベルでは、対応するマーケットはニッチである。これが5％、さらには10％、それ以上を目指すとなれば、前提が大きく異なってくるし、対応する普及拡大の方策もあり方がまったく異なってくることを忘れてはならない。

216

第 11 章　コロナ禍以降における日韓台の有機農産物のフードシステムの動向と展望

　以上、日韓台の比較を試みながら、日本が欧州のみならず、韓国や台湾に
おいてきぼりにならないようにするにはどうしたら良いか考察を行ってきた。
日本が韓国や台湾に学ぶところは大きいが、農林水産省によれば、耕地面積
に占める有機農業の面積割合は、世界の平均で約2％となっている。欧州と
比べれば、その水準はまだまだ低いと言える。自然条件や社会的制約が相対
的に近い日韓台が、今後、連携を図りながら、有機農業拡大の歩みを続けて
いくことは、きわめて有益なことと思われる。

引用・参考文献

足立恭一郎・宇佐美繁・楠本雅弘・谷口吉光・中島紀一・蔦谷栄一（2000）「エコ
　農業構想―21世紀 日本農業への提言―」全国産直産地リーダー協議会

鄭銀美（2005）「韓国における親環境農業政策の展開と意義」農林業問題研究41-2、
　pp.272-283

鄭銀美（2007）「韓国における生活協同組合の展開過程とその特性１―有機農産物
　の産直運動から国内農業を守る消費者運動へ―」協同組合研究26-2、pp.51-66

川手督也（2021）「農村社会の変容と地域活性化の展開」酒井富夫編『農政の展開
　と農業・農村問題の諸相』農林統計出版、pp.129-152

岩元泉（2019）「イタリアにおける「ショートフードサプライチェーン」の展開と
　小規模家族農業」村田武編『新自由主義グローバリズムと家族経営』筑波書房、
　pp.257-282

各年次食料・農業・農村白書

香坂玲・石井圭一（2021）『有機農業で変わる暮らし－ヨーロッパの現場から』岩
　波書店

李哉泫・岩元泉・豊智行（2013）「小売主導により進むイタリアの有機農産物マー
　ケットの特徴―オープン・マーケットが有機農業の成長に与える影響―」農業
　市場研究22-2、pp.11-21

李哉泫（2020）「有機加工食品の市場及びサプライチェーンの構造と特徴―有機食
　品専門問屋のケーススタディより―」フードシステム研究 27-2、pp.37-47

李哉泫（2021）「緑茶の輸出動向にみる有機緑茶の可能性と課題」大山利男編著
　『有機食品市場の構造分析　日本と欧米の現状を探る』農山漁村文化協会

李裕敬・川手督也・佐藤奨平（2020）「韓国における親環境農産物流通の拡大要因
　と課題―親環境農産物の学校給食への供給を中心に―」フードシステム研究26-4、
　pp.343-348

舛潟俊子他（2021）「持続可能な食と農をつなぐ仕組み」澤登早苗・小松崎将一編

第4部　東アジアにおける有機農業・農産物のフードシステムの展望と課題

　　著『有機農業大全』コモンズ、pp.139-163
中島紀一・金子美登・西村和雄編著（2010）『有機農業の技術と考え方』コモンズ
那須豊（2022）「パルシステムの産直と環境保全型農業の取り組み」生活協同組合
　　研究554、pp.56-61
農林水産省（2023）「有機農業をめぐる事情」農林水産省農産局農業環境対策課
農林水産者（2024）「茶をめぐる情勢」
酒井徹（2021）「日本における有機農産物・食品市場の構造と規模」大山利男編著
　　『有機食品市場の構造分析』農山漁村文化協会、ｐｐ.86-146
小口広太（2023）『有機農業―これまで、これから―』創森社
茂野隆一（2023）「有機農業の環境負荷を巡って」フードシステム研究30-3、
　　pp.125-128
Shang-Ho Yang, Tokuya Kawate, Shohei Sato, The　Development of Organic
　　Agriculture and Food Products in Taiwan,『食品経済研究』47、2018、pp.55-73
高橋巌（2021）「安全な食料生産」日本大学食品ビジネス学科編『人を幸せにする
　　食品ビジネス学入門第2版』オーム社、pp.106-114
谷口吉光編著（2023）『有機農業はこうして広がった』コモンズ
上西良廣「農業経営が地域環境と生態毛の維持・保全に果たす役割―ツシマヤマ
　　ネコとの共生を目的とした農業―」小田滋晃他編著『地域を支える「農企業」
　　―農業経営がつなぐ未来―』昭和堂、pp83-95
胡柏（2023）『有機農業はどうすれば発展できるか―技術・経営・組織・政策を可
　　視化する―』農山漁村文化協会

【執筆者一覧】（執筆順）

川手　督也	日本大学生物資源科学部
李　　裕敬	日本大学生物資源科学部
佐藤　奨平	日本大学生物資源科学部
島村　聡子	パルシステム神奈川
楊　　上禾	台湾国立中興大学生物産業管理研究所
椋田　瑛梨佳	千葉大学大学院園芸学研究院
魏　　台錫	韓国農村振興庁
李　　均植	韓国農村振興庁
山田　崇裕	東京農業大学国際食料情報学部
高橋　　巌	日本大学生物資源科学部

日本大学生物資源科学部・国際地域研究所（RRIAP）叢書㉟

日韓台における有機農産物のフードシステム

2025年3月19日　　第1版第1刷発行

監　　修　　日本大学生物資源科学部国際地域研究所
編　著　者　　川手 督也・李 裕敬・佐藤 奨平
発　行　者　　鶴見 治彦
発　行　所　　筑波書房
　　　　　　　東京都新宿区神楽坂2－16－5
　　　　　　　〒162－0825
　　　　　　　電話03（3267）8599
　　　　　　　郵便振替00150－3－39715
　　　　　　　http://www.tsukuba-shobo.co.jp

定価はカバーに示してあります

印刷／製本　平河工業社
© 2025 Printed in Japan
ISBN978-4-8119-0696-6 C3033